高等院校"十二五"应用型艺术设计
教育系列规划教材

产品设计手绘表达

主　编　姜　芹　　吕荣丰

副主编　李静雯　　段雅芹

参　编　朱宗华　宋　敏　张　蓉

　　　　官　晶　文茜茜

合肥工业大学出版社

图书在版编目（CIP）数据

产品设计手绘表达/姜芹，吕荣丰主编.—合肥：合肥工业大学出版社，（2019.8重印）
ISBN 978-7-5650-2224-1

Ⅰ.产… Ⅱ.①姜… ②吕… Ⅲ.产品设计—绘画技法 Ⅳ.TB472

中国版本图书馆CIP数据核字（2015）第095978号

主　　编：姜　芹　吕荣丰	责任编辑：王　磊
封面设计：袁　媛　郑媛丹	技术编辑：程玉平

书　　名：产品设计手绘表达
出　　版：合肥工业大学出版社
地　　址：合肥市屯溪路193号
邮　　编：230009
网　　址：www.hfutpress.com.cn
发　　行：全国新华书店
印　　刷：安徽联众印刷有限公司
开　　本：889mm×1194mm　1/16
印　　张：6
字　　数：180千字
版　　次：2015年5月第1版
印　　次：2019年8月第2次印刷
标准书号：ISBN 978-7-5650-2224-1
定　　价：45.00元
发行部电话：0551-62903188

当前，在产业结构深度调整，服务型经济迅速壮大的背景下，社会对设计人才素质和结构的需求发生了一系列的新变化……并对设计人才的培养模式提出了新的挑战。现在一方面是大量设计类毕业生缺乏实践经验和专业操作技能，其就业形势严峻；另一方面是大量企业难以找到高素质的设计人才，供求矛盾突出。随着高校连续十多年扩招，一直被设计人才供不应求所掩盖的教学与实践脱节的问题更加凸显出来，并促使我们对设计教学与实践进行反思。目前主要问题不在于设计人才的培养数量，而是设计人才供给、就业与企业需求在人才培养方式、规格上产生了错位。要解决这一问题，设计教育的转型发展是必然趋势，也是一项重要任务。向应用型、职业型教育转型，是顺应经济发展方式转变的趋势之一。李克强总理明确提出要加快构建以就业为导向的现代职业教育体系，推动一批普通本科高校向应用技术型高校转型，并把转型作为即将印发的《现代职业教育体系建设规划》和《国务院关于加快发展现代职业教育的决定》中强调的优先任务。

教材是课堂教学之本，是师生互动的主要依据，是展开教学活动的基础，也是保障和提高教学质量的必要条件。不少高校囿于种种原因，形成了一个较陈旧的、轻视应用的课程机制及由此产生的脱离社会生活和企业实践的教材体系，或以老化、程式化的教材结构维护以课堂为中心的教学方法。为此，组建各类院校设计专业骨干构成的作者团队，打造具有实践特色的教材，将促进师生的交流互动和社会实践，解决设计教学与实践脱节等问题，这也是设计教育改革的一次有益尝试。

该系列教材基于工作室教学背景下的课题制模式，坚持了实效性、实用性、实时性和实情性特点，有意简化烦琐的理论知识，采用实践课题的形式将专业知识融入一个个实践课题中。该系列教材课题安排由浅入深，从简单到综合；训练内容尽力契合我国设计类学生的实际情况，注重实际运用，避免空洞的理论介绍；书中安排了大量的案例分析，利于学生吸收并转化成设计能力；从课题设置、案例分析、参考案例到知识链接，做到分类整合、交互相促；既注重原创性，也注重系统性；整套教材强调学生在实践中学，教师在实践中教，师生在实践与交互中教学相长，高校与企业在市场中协同发展。该系列教材更强调教师的责任感，使学生增强学习的兴趣与就业、创业的能动性，激发学生不断进取的欲望，为设计教学提供了一个开放与发展的教学载体。笔者仅以上述文字与本系列教材的作者、读者商榷与共勉。

全国艺术专业学位研究生教育指导委员会委员
全国工程硕士专业学位教指委工业设计协作组副组长
上海视觉艺术学院副院长 / 二级教授 / 博士生导师
2014 年 8 月

前言

　　工业产品设计手绘，其功能在于对设计构思的推敲与启发，对创意构想的表达与沟通。它作为设计构想表达的基础语言贯穿于整个设计活动之中。

　　本书以构建手绘能力为宗旨，理论与实践相结合，将设计手绘学习中的各种问题具体化，从理论认识，技能、技巧等实践训练中解决各种问题，以尽快让学生掌握"设计语言"。

　　本书包括设计手绘基础理论、手绘线稿技巧、线稿实例分析、色彩明暗手绘技巧、实例演示分析、作品赏析等方面的内容，由浅入深地介绍了设计手绘的使用技能、技巧。

　　读者对象：适合高等院校工业设计相关专业学生与相关从业人员。

编　者

2015 年 5 月

目录
contents

第一章　产品设计手绘表达概述

　　产品设计是为满足人的需求，通过创造性的方法构建解决方案的过程，也是思维、形态创造的过程。产品所涉及的功能、结构、材料、工艺和审美等因素都应该以适当的形态组织起来，抽象思维活动和形象思维活动在这个过程中相互交替展开。手绘视觉化的语言是设计师用以衔接两者的最直接、最自然和最经济的手段。

　　手绘从最初的产品概念创意到最后的生产准备自始至终都伴随着设计师，它反映了设计的及时性和方便快速性，是电脑制作不可比拟的。手绘表达不仅是表达创意的一种方式，更是设计思考推演的工具，可以在人的抽象思维和具象的表达之间进行实时的交互和反馈，便于设计师抓住稍纵即逝的灵感火花，培养设计师对于形态的分析、理解和表现的能力。对于提高设计师的艺术修养有着直接的作用，是设计师不可忽略的重要技能之一。

第一节　手绘表达的重要性

日益成熟的电脑技术虽然以较快的速度渗透到了设计学科，但手绘表达仍然是设计师推演方案、表达构想的首选方式，究其原因有如下几点：

一、易于表达创意思维

电脑制作技术虽然很强大，但却不是万能的。在进行电脑设计制作之前，首先要对设计的作品作出构思，才能在电脑上进行操作，电脑制作一般适用于后期的仿真表达。而在初期设计时，需要将大脑中的草图方案快速呈现到纸面上，以便修改和交流，从这一方面来讲，手绘表达更加直观、便捷。不必要求面面俱到，这更容易激发创造性思维，使其能够充分发挥想象力，如图1-1、图1-2所示。

二、启发灵感

优秀的设计，创意是很关键的，在这一点上，电脑是无法代替人脑完成的。好的创意，毕竟是在脑与笔之间的密切合作下形成的。手绘表达技法的好处在于可以使手与脑之间更好地协调，"稍纵即逝的灵感"可以被无缝地记录，方案的推演、衍化可以迅速展开，如图1-3、图1-4所示。

三、为电脑表现图提供基础

熟练的电脑技术不一定就可以制作出效果很好的电脑表现图。我们经常可以看到有些效果图结构松散、画面主次结构不清晰、缺乏美感的情况。手绘表达更加注重对创意的表达，思维的推演、分析与比较，无论是版式构图还是着色，都可以手绘草稿进行分析、尝试再进行电脑制作。因此，制作出出色的电脑表现图，需要有一定的手绘基础，如图1-5、图1-6所示。

四、表达个性风格

手绘表达技法中渗透着美学的观念，很多杰出的大家都有着深厚的绘画功底和美学功底，寥寥几笔，却可以清晰地表现结构特征和设计风格。我们不妨通过手绘培养学生的个性化思维，形成自己的设计风格，如图1-7、图1-8所示。

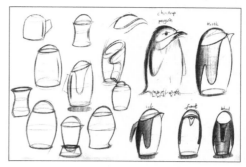

图1-1

图1-2

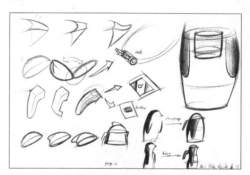

图1-3

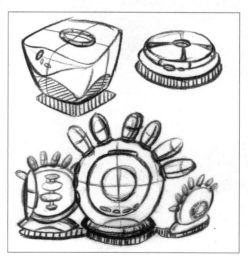

图1-4

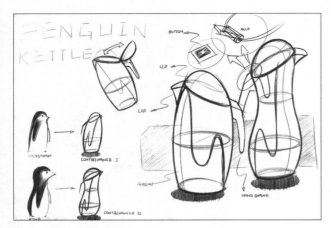

图1-5

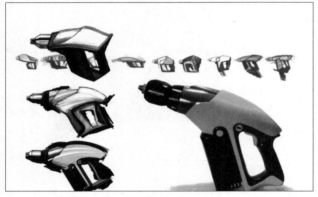

图1-6

第二节 产品设计流程中的相应手绘形式和作用

现代产品设计是有计划、有步骤、有目标、有方向的创造活动。每个设计过程都是解决问题的过程。产品设计有一定的流程，一般而言，产品设计包括设计准备阶段、设计初步阶段、设计深入与完善阶段以及设计完成四个阶段。

由于不同的设计阶段有不同的目的和内容，因此设计手绘表现形式也有很大的区别。根据产品开发大的设计流程，在不同的阶段手绘表达主要有以下方面的作用：采集信息、记录构思、推演方案、展示方案（明确的产品功能、结构、使用情境、使用方式……），便于与他人沟通等。当然，现代产品设计的手绘表现主要以表达创意理念的为主，具体如下：

一、设计准备阶段、初步设计阶段

在设计的准备阶段，要对设计调研的资料汇总，对意向产品的形态进行收集、整理、比较分析，通过手绘记录产品形态结构关系，可加深对产品的体验，积累相关的形态语汇。在初步设计阶段，思路会被庞杂的资讯和无限的可能性所困扰，因为存在着很多不能确定的因素，脑海中的设计形态肯定是不完整的。在这个阶段，设计需要发散，设计师往往需要快速地记录下大脑中的多种"灵感"，作为后续推敲设计形态的参照和启示。从上面可以看出这个阶段的手绘主要具备形态的采集与记录构思的作用，如图1-9、图1-10所示。

图1-7

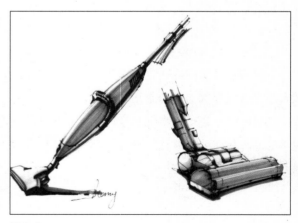

图1-8

　　为了保证思维的发散不被绘画进程打断，这个阶段的构思草图表现出快速而松散的特点：线条有重叠、有角度偏差、有飞线、大量省略的细节甚至有大量涂改等。因这些设计图并不需要传达给第三者，所以只要设计者本人能看懂即可，我们可以称之为设计速写，如图1-11、图1-12所示。

二、设计深入与完善阶段

　　在产品的深入设计阶段，设计师的思维开始收拢，进入设计的推演、讨论阶段。通常需要就一个可能的设计方向画出大量的草图，以大量的延伸形态为基础，从中比较、挑选出合理的、美感强烈的产品形态，在综合考量功能、结构、消费认知等方面的要求后，经过反复推敲才能形成一个较为成熟的设计方案。为了使产品形态的推演不至于发生断档、无以为继的情况，形态的衍化应该是连续的，可以任何局部的细节作为探索产品形态的可能。如图1-13、图1-14所示。

　　另外，设计公司往往在这个阶段会把多个草图汇总在一起进行讨论、对比，为了让同事之间能够通过深入草图明白对方的设计思路，此时表达形式在形态结构、配色质感等方面要表达清楚，让人一看就懂，如图1-15、图1-16所示。

图1-13

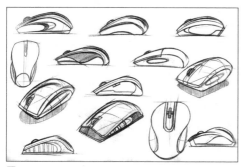

图1-14

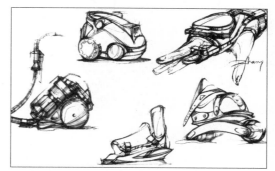

图1-9

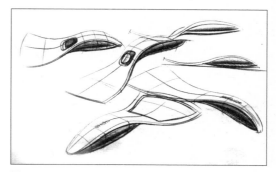

图1-10

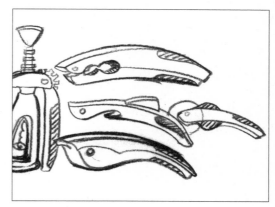

图1-11

图1-12

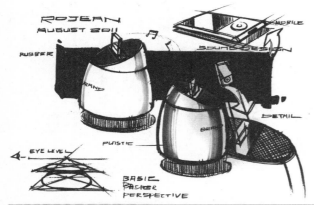

图 1—15

图 1—16

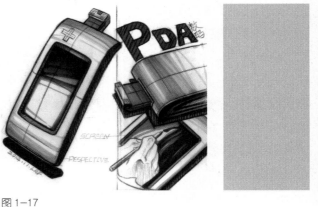

图 1—17

图 1—18

三、设计完成阶段

在设计构想被采用后的设计定案阶段，产品的功能、构造、材质、色彩等都应较真实地表现出来，必须使观看设计图的人都能立即了解产品的未来样态。这时的手绘主要是深入刻画细节，以便于与工程师沟通交流，以验证产品的结构、使用方式、功能创新与自己的设计创意是否相吻合，如图 1—17 所示。

当然，这种表达效果现在一般都用计算机来模拟完成。因为追求逼真光影效果的传统手绘技法已经越来越不合时宜，一者对产品最终效果的表现始终无法与计算机强大的写实渲染能力相比；二者烦琐的绘画步骤会占用大量的时间，也不适合于产品设计方案的继续深入衍化，如图 1—18 所示。

手绘表达在这个阶段可以把重点放到对画面版式构图、色彩的设计规划上，手绘都可以进行快速尝试、比较。因为熟练电脑技术不一定就代表能制作出效果很好的电脑表现图，我们经常可以看到有些产品设计展板结构松散、画面主次结构不清晰、缺乏美感等情况。

第三节 手绘表达与设计速写的区别

产品手绘表达和设计速写既有相同之处又各有特点。相同之处是都要求用较短时间表达一定的主题和内容，都是设计效果的表达和记录。不同之处体现于表现目的和应用上的不同，一般说来，设计速写无须考虑太多的细节刻画，无须考虑设计后期的批量加工，它所表达的只是构思创意，设计速写适合设计准备阶段和设计初步阶段采用，如图 1-19 所示。

而我们这里讲的产品手绘具有比较严谨的表现形式，其目的和形式是使创意能准确地转化为制造，表现要求结构严谨、透视准确、比例尺度适当。在视觉效果上要有一定的制造感和流畅明快的感觉，便于观察者理解形态的结构和内容、具体细节和制造工艺等。这种形式适合在设计深入阶段采用，如图 1-20 所示。

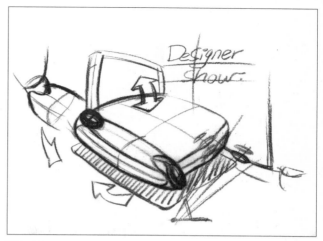

图 1-19

第四节 手绘表达能力构建建议

产品设计的知识结构是系统的、连续的。本门课程的目的并不是单纯地训练大家掌握表现技巧，在学习实践的过程中还要积累产品功能、结构的知识，培养形态的感知能力、三维空间的想象能力，同时以表现促设计，能够通过设计表现促进设计思维的发散和延续。当然，相关表现能力的培养是一个系统过程，必须建立在对设计形态充分理解的基础上。好的临摹效果并不代表具有好的设计构思表达能力，设计表现成败的关键是看能否通过形态的推演去思考设计问题，能否无障碍地表达抽象的构想。

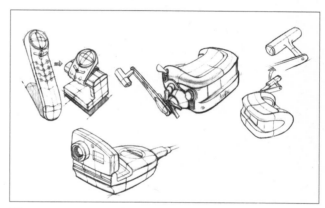

图 1-20

如要培养对形态的敏锐感知能力，就需要有认真观察和及时进行分析总结身边一切事物的良好习惯，因为对每一种形态、每一类现象的分类汇总和概括性的总结可以帮助我们更好地掌握设计表现的规律。如图 1-21 所示。

要培养三维空间的想象能力，就需要改变现在单一的临摹学习方式，把"想"和"画"相互结合。如可通过某一给定的平面图思考表达三维立体的方式进行训练，如图 1-22、图 1-23 所示；可以通过形

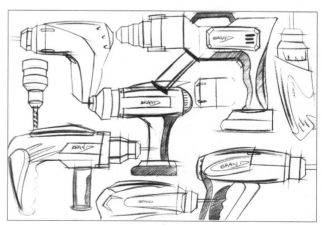

图 1-21

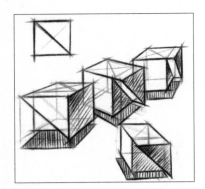

图 1-22

图 1-23

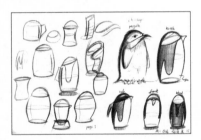

图 1-24

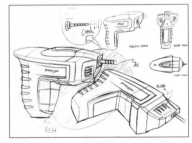

图 1-25

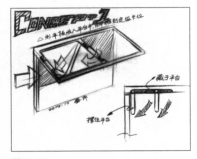

图 1-26

态的仿生设计尝试，培养自己的形态概括和想象能力，如图 1-24 所示；还可以通过观察、分析他人的某个作品后，采取回忆、默写的方式来进行再现表达，如图 1-25 所示。

如要积累产品功能、结构的知识，就必须在临摹他人作品前认真观察、分析产品的这些因素，特别是产品不同部件之间的连接方式、操作方式；同功能但不同结构的产品的区别；不同功能的产品在结构上的异同等，如图 1-26、图 1-27、图 1-28 所示。

由于课时安排有限，上述的一些内容在教学授课中往往不能充分体现出来。这就需要更多地进行课堂外的能力训练。一般在课堂教学中产品设计手绘表现的课程重点是对设计表现规律性内容的学习与掌握，包括常用产品表达的构图分析、常用产品表达的透视角度和透视方法、光与影的设定方法、线条的应用分析、物体表面的色彩和质感的练习以及背景和环境应用、分析等。

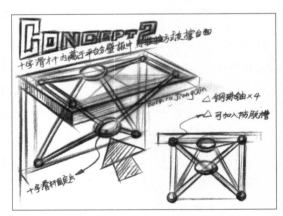

图 1-27

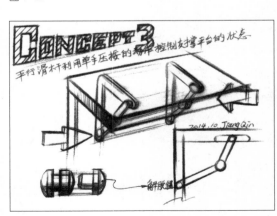

图 1-28

第二章　产品设计手绘表达基础

第一节　设计透视基础

影响手绘表达准确、精彩的因素比较多，如产品的形态特征、结构表达是否正确、色彩搭配是否合理等，其中透视关系准确与否是保证产品手绘图能否准确传达设计意图的基础，在学习手绘表现技法之前必须掌握透视知识。

透视的基本原理是把三维的物体在二维的画面上"立体"地表现出来，由于其立体效果具备可以较为真实地将物体及其环境展示出来的特征，这有利于设计人员及早发现、处理设计中的问题，也可以让客户了解将来产品的外观形态、结构、功能、使用方式等，对客户接受设计有较大的帮助。

常用的透视有一点透视（平行透视）、两点透视（成角透视）、三点透视和圆面透视。

一、一点透视

立方体的正面与画面平行时形成的透视变化为一点透视，其特征为正立面长宽比例不变，纵深方向线条（与画面不平行的线条）发生透视变化并向灭点消失，如图 2-1、图 2-2 所示。

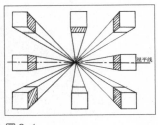

图 2-1

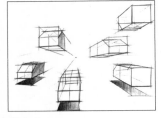

图 2-2

二、两点透视

当立方体的两个面与画面形成角度，其三组棱线有一组与画面平行，其他两组与画面不平行并分别汇聚消失于视平线上的两个灭点，称为两点透视或成角透视。其特征为垂直线条只发生近大远小的透视变化，透视线分别向左右两边灭点消失，如图 2-3、图 2-4 所示。

相对于一点透视，两点透视能更直观、全面地表现物体，画面也更富有表现力与感染力，是产品手绘图中使用最多的透视类型。

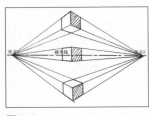

图 2-3

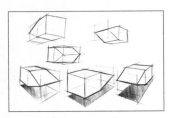

图 2-4

三、三点透视

当立方体的三个面都与画面成角度，三组棱线中，每组既不与画面平行，也不与视平线垂直，称为三点透视。这种透视常见于仰视图或俯视图，如图 2-5 所示。

产品设计手绘图多采用一点透视和两点透视，三点透视多用于表现与认识尺度差别巨大的物体，如摩天大楼、高塔等，在产品设计手绘图中使用较少。

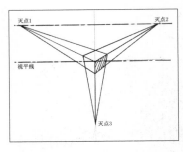

图 2-5

四、圆面透视

圆面透视可通过在正方形的透视面中定点连线来绘制，常用的有八点画圆法。其特征是单个圆面的近半弧线大于远半弧线，如图 2-6 所示；透视圆面离视平线越远越圆，相反则越扁，如图 2-7 所示。

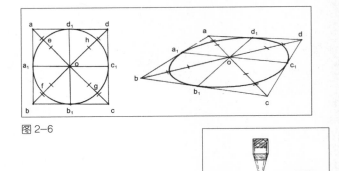

图 2-6

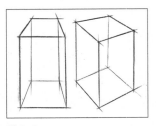

图 2-7

如需精确绘制一点透视或两点透视的圆柱体，可先绘制圆柱外部立方体，如图 2-8 所示；再通过正圆八点绘制法求得发生透视变形后的正圆，如图 2-9 所示。

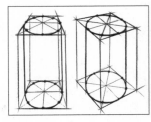

图 2-8

图 2-9

五、影响透视类型选择的因素

第一，能最大限度地展现设计构思、产品主要特征和细节，如图 2-10 所示。

第二，有助于确定产品的比例尺度。较小的产品一般都能看到其顶面，观察的视平线较高，而大物体的视平线会较低，如图 2-11 所示。

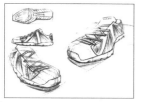

图 2-10　　　　　图 2-11

第三，占据画面主要位置的应该是产品的主要特征面，必须能引起观察者的兴趣。 如一点透视适合表现设计重点在某一个面的产品，如图 2-12、图 2-13 所示。

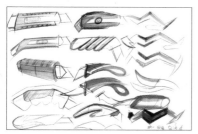

图 2-12

图 2-13

两点透视相对于一点透视能传递更多的设计信息，适合表现设计因素在各个面具有不同程度分布的产品，如图 2-14、图 2-15 所示。

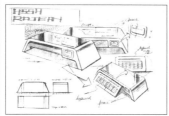

图 2-14　　　　　图 2-15

三点透视主要是对需要采取仰视或者俯视角度的产品或建筑物，圆面透视主要是用来绘制带有透视圆面结构的相关产品，如图 2-16、图 2-17 所示。

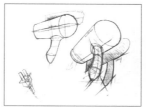

图 2-16　　　　　图 2-17

第二节　形体分析

产品的形态、结构和功能不尽相同，在产品手绘表达时往往会对产品的形态和结构进行分析、归纳，在这个过程中需要灵活运用透视知识。常见的形体分析法有加减法和组合法两种。

一、加减法

加减分析法适用于产品形体可概括为简单的几何体的产品，即根据产品形态把简单几何体进行透视加减以得到所需的产品形态，如图 2-18 所示。

二、组合法

对形态结构较复杂的产品我们一般用组合法来分析，就是根据产品形态将多个几何体进行组合以得到相应的产品形体，如图 2-19 所示。

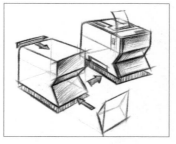

图 2-18　　　　　图 2-19

图 2-20

图 2-21

第三节　手绘表达的工具材料介绍

在不同的设计阶段，产品设计表现的目的和要求不尽相同，因此，所需要的工具画材也不完全一样。在构思草图阶段，主要以自己的理解为主要目的，因此从材料到技法都没有特殊的要求。在设计展开阶段，绘制概念设计图时，需要能够较为充分地表达设计师的构思，表现出产品的构造、材料、色彩等。同时，这一阶段的时间有限，在绘图工具的准备上，需要选择一些具有快干性、简便性特点的工具，如签字笔、马克笔、彩色铅笔等。

以下分别就笔类、纸张和其他画图工具进行介绍。

一、笔类

1. 铅笔

铅笔是最常用的工具，因为铅笔在画线和造型中使用起来十分方便：可以随意修改，可以深入刻画细节，还可以根据需要画出深浅不同的调子，表现出层次丰富的明暗调子，初学者也容易把握。铅笔分为软硬两大类，HB 为界限，深色软性的是 B~6B，浅色硬性的是 H 以上的型号。作设计表现时，一般多使用 HB~ 4B 的中性或偏软系列的铅笔。软铅笔产生的线条厚重、朴实，利用笔锋的变化可以做出粗、细、轻、重等多种线性的变化。如图 2-20 所示。

彩色铅笔也是比较常用和易于掌握的绘图工具，既可以用其上色，也可以勾线，色调也可以画得比较细腻，无论是构思草图还是设计定稿都可以用彩铅来完成。如图 2-21 所示。

特点：彩色铅笔适宜表现柔和线条的形态，用作快速表现时，力量要有所变化，使线条更加富有现力。选购时，应选择比较软的铅笔，软铅笔的附着力比较好，如图 2-22 所示。

2. 钢笔

钢笔的表现应用较多，有一定基础的设计师比较喜欢使用。钢笔表现的效果强烈、干脆利落，容易打动观众。但钢笔的使用相对于铅笔要难于掌握，这主要源于两个方面的原因：首先，钢笔墨水是无法擦拭的，只能做加法，而不能做减法，这就要求设计师在下笔之前，必须仔细观察对象，做到心中有数，准确落笔，一气呵成；另外，钢笔缺少类似铅笔那样丰润细腻的层次变化，设计师应当简化色调，用有限的调子简捷地表现出物体的层次关系，因为省略了色调，就需直接绘出分界轮廓线或者交界线，以区分面与面之间的关系。

签字笔的使用非常普及，有纤维签字笔和水性签字笔。纤维签字笔在起笔和落笔处不会产生墨点，非常适合表现光滑流畅的曲面，在表现流线型的时尚产品时应用较多，如图 2-23 所示。

3. 圆珠笔

圆珠笔是一种价格比较便宜的常用笔，常见的多为蓝色、黑色和红色。下笔圆润流畅，轻重变化易于掌握，也是设计师常用的草图工具。需要注意的是，质量较差的圆珠笔在起笔和顿笔时容易产生墨点，弄脏画面，选用质量较好的就可以了。

4. 针管笔

即有灌装墨水的专业针管笔，也有一次性针管笔，它的笔头是各类绘图笔中最细的。灌装墨水的针管笔保养起来比较麻烦，使用一段时间后就需要装墨水，使用不方便，我们一般选用一次性的针管笔。针管笔常用的型号有 0.1，0.3，0.5，0.8，使用者可根据需要配备粗细不同的针管笔进行搭配，这样画出来的线型更丰富。针管笔的优点是线条规范，并在极细的线条到极粗之间有任意选择的余地，只是要经常换笔，但是一些专业画家，如钢笔画和插图画家等都喜好并善于用这类笔，设计师也不例外，如图 2-24 所示。

特点：针管笔表现的线条肯定，不留墨点，而且线条末端的锋线变化也富有设计韵味，适宜表现线条肯定的造型。

针管笔落笔定型，在落到纸面上之前，常要在空中虚画几下，找准透视比例后再落笔。这是使用针管笔作画时要注意的，如图 2-25 所示。

5. 马克笔

马克笔是一种常用的上色工具，根据马克笔的颜色成分，可分为水性、酒精性和油性马克笔。其色彩丰富，着色方便，成图迅速，重量轻，携带方便，因此广受设计师的喜爱。

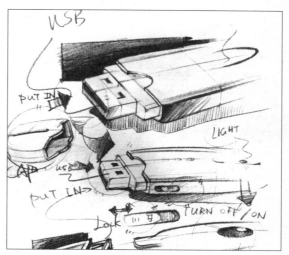

图 2-22

图 2-23

图 2-24

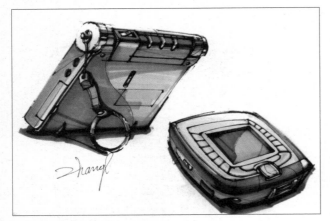

图 2-25

图 2-26

图 2-27

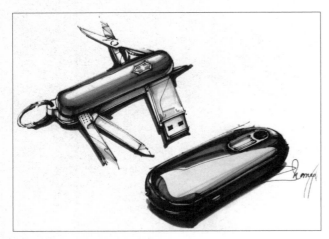

图 2-28

水性马克笔最为便宜，也最为常见，但在表现时笔触比较明显；油性和酒精性的马克笔透明度高，笔触过渡衔接柔和。目前用的较多的是酒精性马克笔，其易干，上色过渡性较好。作为专业的设计表现，建议颜色至少需要六十种以上，灰色系要全，不要过多选择艳丽的色彩。如图 2-26 所示。

马克笔的笔头用毡制成，呈方和圆锥两种形状。方形的正面和侧面面积不一样，运笔时可根据上色区域的大小发挥其形状特征以达到自己想要的效果。圆锥形的适于局部区域上色，但其宽窄面选择变化较少。如图 2-27 所示。

马克笔分灰色和彩色，而灰色又可以分为中性灰、暖灰和冷灰系列。在表现一些工业感较强的产品时大多使用冷灰，一些较具亲和力的日用品的表现可用暖灰，如图 2-28 所示。彩色系列中红、黄、蓝、绿依据各自爱好各选两色即可。

马克笔上色后不易修改，一般先浅后深，运笔前要胸有成竹，用笔一定要果断，不要无目的地反复涂抹，否则颜色叠加变深，画面显脏。排笔时要轻松准确，避免相互交叉。在弧面和圆角处，行笔要流畅，顺势而变化。

二、纸张

纸张分为复印纸、硫酸纸、普通色纸、马克纸等，如图 2-29 所示。

1. 复印纸

这种纸张作为办公用纸最为常见，在设计快速表现中，一般作为构思草图常用纸，用马克笔和色粉绘图时也可使用，只是受纸质的影响比较大。此外，一般我们使用的都是 A4 幅面的，配合板夹，可以很方便地在任何地方进行记录构思和手绘表现的练习。

2. 硫酸纸

又称描图纸，透明度好，对铅笔、彩铅、色粉、马克笔的墨水吸附性好，一般不易渗透。使用时，可以从背面使用色粉和马克笔描绘，正面显现出微妙的色彩浓淡渐变的效果。

3. 有色纸

一般用于在暗背景上表现明亮的色彩，突出高光的效果。在表现一些玻璃制品或者半透明塑料之类的产品时较为常用。

4. 马克纸

马克笔效果图专用，质地细白。由于特殊表面处理，不会出现墨水渗底的现象，对色粉的附着力也很好，适合马克笔色粉快速表现，一般需要到专业的设计用品商店购买，价格较高。

三、其他绘图工具

1. 尺规、正圆和椭圆模板

虽然从前期的草图构思到定案的精细表达大部分情况都是徒手完成的，但有时也需要一些尺规的辅助，尤其是绘制长直线、长曲线的情况，尺规能让线条更加准确，图形更规整。但不要过多依赖尺规，它会影响设计时的思考和思维发散。如图 2-30 所示。

正圆、椭圆模板和尺规的运用比较类似，只在绘制比较精细的效果图时才需要使用。

2. 橡皮

绘图的过程中难免会有失误，尤其是对基础薄弱的同学，橡皮就成我们必备的工具了。绘图时以平、软的橡皮为宜。但不到万不得已建议不要使用橡皮，避免产生依赖性，而且直接用笔修改草图，设计思考的连贯性不会受影响。

3. 修正液

在绘图时遇到比较小面积的错误，可以用修正液适当修改，还可以当高光笔来使用。当然高光用白色颜料画效果会更好些。

当然还有色粉、透明水色等，我们这里就不一一介绍了，感兴趣的同学可以自己动手尝试。

图 2-29

图 2-30

第三章 手绘表达的具体目标与版式绘制

第一节 手绘表达的具体目标

对于设计者来说，产品手绘是表达设计意图、推演细节、收集资料的辅助工具和记录手段，也是和同行与设计委托方交流的专用语言。

为保证设计师的设计意图能充分被观察者理解，解决问题的系统性，应该在设计方案中体现出产品形态、产品结构、使用方式、功能创新等方面的信息；重视对事理的说明和设计可行性的论证，需要对产品有深入、全面的表达。如针对产品的结构、材料、工艺和色彩等，设计师往往会进行文字注释；在表现复杂的形体结构时还会添加局部视图或结构大样；在一些特定的情况下还要对产品的使用方式、使用环境进行说明；或者为方便其他人把握产品的实际体量、了解产品的内部结构，必须为产品配置场景或对产品的零部件进行分解并以爆炸图的形式加以表现。另外，适当的版式设计也是非常必要的，这可以有效提升画面的形式美感和专业感，科学的版面分割和合理的情境设计，可以帮助客户快速把握设计意图，客观地进行设计评价。手绘表达的具体目标和内容主要有以下几个方面：

一、表现产品整体形态

表现出产品整体形态是产品手绘的基本目标。从设计师的角度来讲，整体形态更符合设计师的思维习惯。在设计的初始阶段，构思方案往往以产品立体形态出现，而不是数个侧面拼凑起来的形态。一个被设计师接受的设计构想往往是由数个整体形态草图在某些特征造型上逐步推演变动所得到的，如图 3-1、图 3-2 所示。

从其他观察者的角度来讲，要利于他们建立产品的第一印象。如可以采用两个以上的完整产品图像来表现构想的特色。在图 3-3 中，是以描述产品打开、闭合的模式为主。

有时候，也可以表现出产品不同角度下的形态，譬如：表现产品前端与后面不同的感觉。图 3-4 所示就是在这样的想法下绘出的数个产品图像。

二、强调产品局部特点

产品的局部图像进行放大一般基于两个方面的原因。对于一般观察者而言可以深入了解产品，因为某些细部形态在整体图上显得过小，需要将细节放大表现，有利于其观察细节形态，如图 3-5 所示；有些局部设计较为复杂，能起到解释局部功能的作用，如图 3-6 所示。

另外，对于设计师而言，有些局部图像并非仅为放大图像或强调位置，而是对这个区域进行的多元化的设计尝试。也就是说，这些细部图像是设计师思考

图 3-1

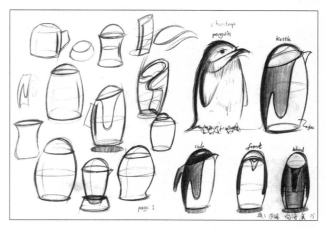

图 3-2

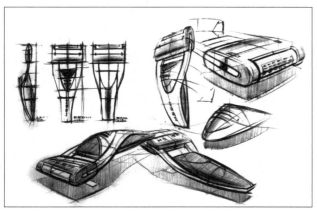

图 3-4

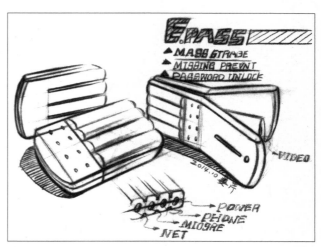

图 3-3

的其他替代方案。通过局部图像的引导，可以将这些可行方案作为一种图像式的分析，如图3-7所示。

三、描述产品环境关系

考虑产品环境关系，就是把产品放置在它将来使用的场景中，即新的设计构想仿真在这些场景中使用的景象，设计师可以由此来判断是否应该修正造型；观察者也可以通过产品环境关系图感受产品，有身临其境的体验感。

这样的景象主要通过快速的笔触来描绘，因有某些程度上的删减，也可能因为整个外界与产品之间的比例看起来大小相差甚多，画面上会显得重心不在产品身上，而在场景上。这就要靠构想本身的趣味性或者设计的特色来突出绘图的重点，如图3-8所示。

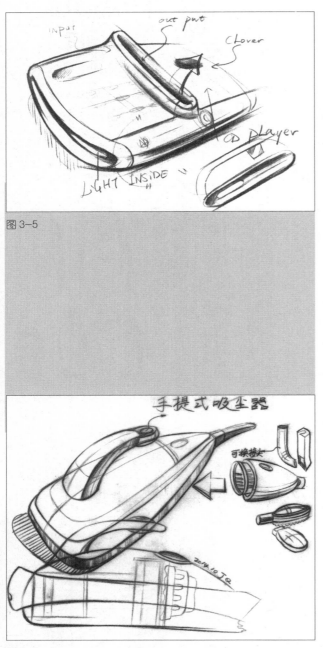

图3-5

图3-6

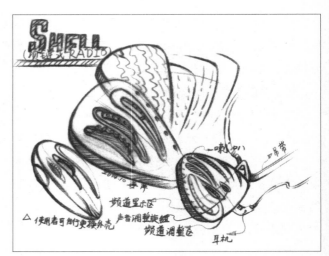

图3-7

图3-8

四、解释产品操作方式

产品设计的目的是满足人的需求。改善产品的宜人性，让使用者方便、舒适，并能赏心悦目，同时提高产品的附加价值。对产品的拥有者而言如何便捷地使用它至关重要，设计师可以从产品的控制模式、携带方法、收藏方式、维修模式等方面进行描述。对于设计师而言这些描述可以使设计过程更系统，便于其修正方案，如图3-9所示。

五、分析内部零件组合

产品设计虽然呈现在消费者眼前的是产品的外观，但对于设计者来说，却离不开内部空间、结构等因素的探讨。如常见的设计出发点可能是从外而内：先约制外观的形态，再考虑内部零件的调适，以符合外观的设计要求。或者从内而外：先安排产品内部零件的位置，再来考虑外观形态的可能发展。

内部零件组合与产品之间可能的关系，主要从产品内部空间的分配、各零件的组装方式和产品结构上的特性来展开，如图3-10所示。

第二节　手绘表达的版式设计

当设计构思完成以后，为了使观者能更好地理解设计者的想法，便于设计师自身推敲设计方案，通常需要绘制较严谨的图纸将整个设计再进行推敲、评测，其中画面版式设计的好坏直接影响信息传递的效果，下面我们就版式设计时需要注意的要点进行学习。

一、画面构成元素及其用途

设计师自己观看的设计图，轻描淡写一番就已经足够了，因为设计师会用他的想象力来"看"图。但是，对于要表达给其他人观看的设计图来说，图纸上除了产品的图像以外，往往还有其他的画面构成元素。如图3-11所示，设计图上元素甚多，包括清楚的主题名称，产品构想的主要图像、次要图像，辅助说明用的景物图像，各图像之间也穿插着有箭头符号引导视觉的动线、让图像的意义更加清楚的解说文字、某一侧标注的签名。这才是一张图文并茂的产品设计表现图。它们都起着促进构想内涵被了解的作用。具

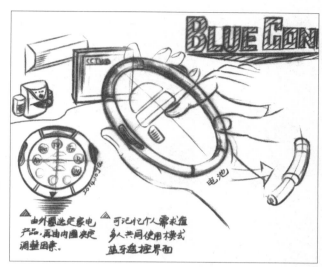

图3-9

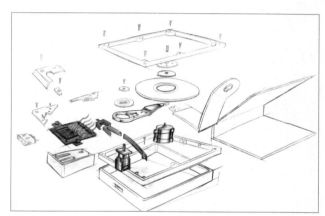

图3-10

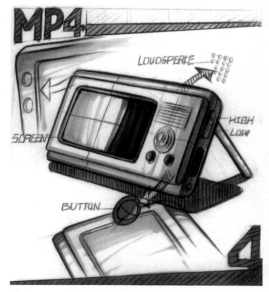

图3-11

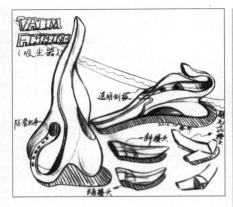

图 3-12

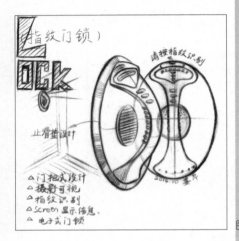

图 3-13

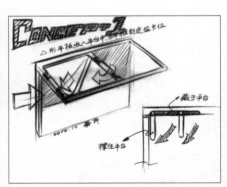

图 3-14

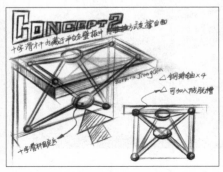

图 3-15

体画面元素的内容如下：

（1）主题名称；

（2）图像；

（3）符号；

（4）解说文字；

（5）签名。

1. 主题名称

手绘图最重要的任务是以图像化的对象来表现设计概念全面性的信息，在设计图中若加入了文字的描述及标题，则图形的含义将更为明确，更容易被了解，因而，图形与文字的结合能提高设计师在评选构想时的效率。

在手绘图中所出现的文字信息，以标题（主题名称）所占的面积最大，最影响看图者的感受，通常也是设计者最想表达出来的构想特质。主题名称可以概略地区分成 3 个类别：

（1）造型概念——构想的形态起源于具体对象，如图 3-12 所示的 fishing 吸尘器，由于概念取用钓鱼的愉悦心情及鱼的流线形感受，所以定了这样的主题名称。

（2）机能诉求——将产品的机能特点加以标明，使产品的主要用途或功能特色轻易地表达出来。如图 3-13 所示的"指纹门锁"，命名中指出了产品采用的全新技术及它的用途，不仅引人注意，并促使阅者去想象这个命名的用意，以及命名的含义真谛。

（3）型号编码——一般是为了区分同一设计中不同的构想，就必须在主标题下再增加一些副标题，使得同一个设计中的各个构想之间存在差异之处。如图 3-14、图 3-15 和图 3-16 所示，就是在同一个设计项目中所进行的数个方案图，使用数字作为方案的编码。

另外，主题文字的处理效果一般有 3 种展现的方式，其分别是：

（1）立体化字体；

（2）图案画排列；

（3）配合视觉动线。

这 3 种类别仅仅是比较常用的手法，要在极短的时间内创作速写图，必须要多练习不同的创作方式，让自己累积绘图描述的形式，久而久之，自然建立出个人独特的描述风格。

2. 图像

在构想展开的各种活动中，设计师以大量的图像来传达多样化的构想内容。这些图像中有些是产品具体的形态（不管是透视的、正视的，或由其他表达方式所绘制出来的）；有些则是单纯的形状线，却不是描述产品的一部分；另外，有时候会出现代表人体的简单图像，或是附属的建筑物、花草等。依照图像内容物的不同用途，分成4类：

（1）产品主体图像；

（2）设计细节图像；

（3）衬托背景图像；

（4）人物动作图像。

前两个类别的图像内容是产品构想的形态方案，依照绘制线条完整或局部来分成两类。后两个类别的图像纯粹是为了将前两类的产品形态线加以强调而绘制的。

（1）产品主体图像——是设计师想要表达的最重要的图像，在大部分的情况下，采用的图像是一组描述完整的透视图，在画面上也占有较大的面积，形态的细节也较为清晰，并以产品最有特色、最精彩、最能吸引人的角度来呈现，如图3-17所示。

（2）设计细节图像——产品的局部图像进行放大，有利于观察其细节形态，如图3-18所示；有些局部设计较为复杂，能起到解释局部功能的作用，如图3-19所示。

（3）衬托背景图像——为了使主体图像能够被凸显出来，除了将主体图像的线条分量加重、颜色加深、面积加大之外，还会使用背景图像来衬托主体图像。常见的有文字衬托背景、线条背景、几何背景和图像背景四种，如图3-20、图3-21所示。

（4）人物动作图像——设计师所需要解决的设计问题都会直接与人体相关，如人机关系的思考等。在设计表达时常将人体的动作图像加以描述，让产品配合自然合理的人体动作显示出来。人体动作并非主

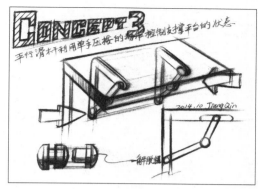

图3-16

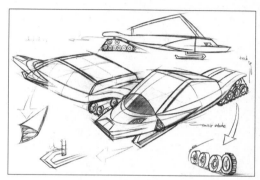

图3-17

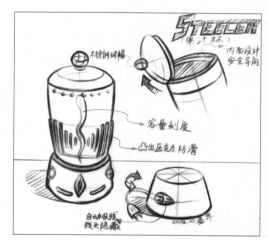

图3-18

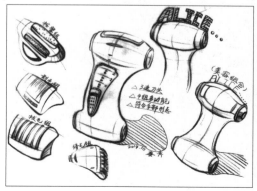

图3-19

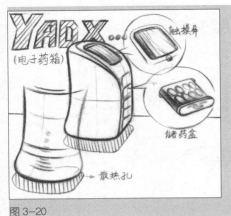

图 3-20

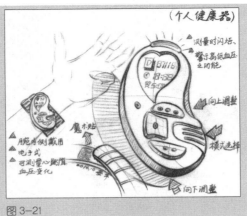

图 3-21

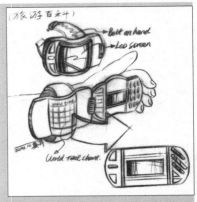

图 3-22

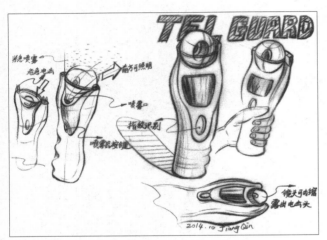

图 3-23

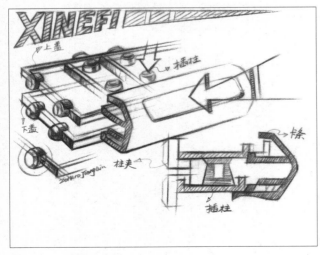

图 3-24

要的绘图重点，简单扼要地把动作的特征表现出来，无须精致描绘，徒耗时间，如图 3-22 所示。

3. 符号

是文字与图像的媒介物（或者说是接口），我们在辨识设计图的意义时，总是会发现这些对象的踪迹。依照功能不同，一般分为 2 个类别：

（1）指向符号——可能是从某一图像指向文字或图像，使得我们的视线会跟随着移动到目的对象上。典型的指向符号是箭头符号，是最常见也较易理解的符号，如图 3-23 所示。

（2）顺序符号——作用是指出数个项目的排列关系。由于此类符号的表达，我们可以从静止对象看出动作的前后关系，如图 3-24 所示。

4. 解说文字

将脑海中思考综合的成果以设计图为主的方式呈现出来。图面之中若仅有图像而没有文字的辅助，则设计图的内涵可能只有原创者可以理解，其他人无法解读。文字的加入可以使图像的意图、背景以及比例被他人所了解。文字在设计图中必须用简约的词句来表达连续长串的意义，如图 3-25 所示。

5. 签名

在这里强调设计师的设计图必须签名，用"签字负责"来体现责任与认真。签名或识别符号在设计图中不应该成为重点，但也不能感觉不到它的存在。对于签名风格，以自然明确，能够辨识设计者为主；另外是签名的位置不应该占据太明显的位置，抢去重要图像的舞台，较为简易的决策方式是在主体图像的周侧，选择不影响主体图像的位置来下笔，既吸引目光又不会太凸显，如图3-26所示。

二、版式设计要点

为了能使设计的内容更便于与人交流、沟通，我们总结了几个排版需要注意的要点，供大家参考。

1. 版面布局主次分明

在布局时，要有主有次，切忌多而杂。为突出主题，产品的主表现图通常选用前后侧视45度视角或其他一些比较有表现力的角度来进行表现。主表现图要进行重点表现，其他如三视图和一些小的细节图作为次要表现的对象来表现，如图3-27所示。

下面介绍一些常见的版式布局：

（1）各个部分内容布局明确而规整，最显要位置突出主效果图，其他内容约占总版面的一半比例，如图3-28所示。

（2）各部分内容布局划分不那么明显，相互有交叉重叠。这种布局要特别注意各部分的层次关系，仍要突出最主要的内容，如图3-29所示。

（3）整个设计过程或者产品使用过程以一组连续的故事情节来表现，内容不再划分那么明显，每个情节中有相应效果图、设计说明以及其他内容，就像讲故事一样，生动有趣。这中间要注意情节的疏密和轻重，也就是每个情节中，各种内容搭配合理，依旧要有主有次，重点突出，如图3-30所示。

2. 版面整体氛围渲染

犹如绘画的色彩基调和音乐的感情基调，需要根据主题来确定一样，版面也要一个整体的基调。这个基调同样是根据设计作品的主题来确定的。如图3-31所示的立姿睡眠辅助产品，为了营造出使用该产品的"舒适"性，对主题文字和背景进行曲线化处理，整个图面元素采用非直线型的布局，给人轻松、愉悦之感。

3. 做好细节处理

（1）处理好画面中的字体

不同字体的粗细、大小对展板效果有不同的影响。较大的字体一般用于标题或其他需要强调的地方，小的字体可以用于页脚和辅助信息。需要注意的是，小

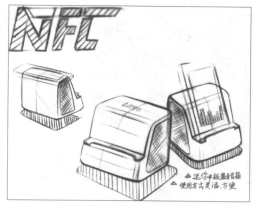

图3-25

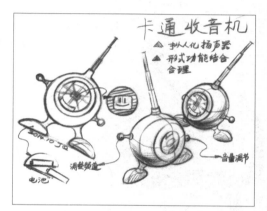

图3-26

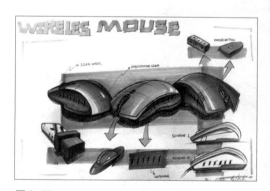

图3-27

图3-28

图 3-29

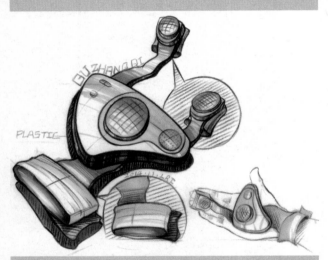

图 3-30

图 3-31

字号容易产生整体感和精致感，但可读性差。

字体可以充分地体现设计中要表达的情感，字体选择是一种感性、直观的行为，但要依据版面的总体设想来选择合适字体：粗体字强壮有力，有男性特点；细体字高雅细致，有女性特点。在版面中，字体种类少，版面雅致有稳定感；字体种类较多，版面则有活跃、丰富多彩之感。黑体字规整，容易与图片相协调，是版面绘制中最为广泛使用的字体，如图 3-32 所示。

（2）处理好版面中文字与图形的关系

文字和图形是版式设计中两个重要的组成元素。文字是对图形的一种语言阐释和补充；图形则是对文字内容的一种视觉展示，两者相辅相成，相得益彰，直接左右整个版式的设计风格。因此，单个字体的大小及颜色，字块与字块间的线、面关系，以及元素间位置的摆放处理等，都要根据图形的内容来确定，将两者结合在一起来考虑，如图 3-33 所示。

图 3-32

图 3-33

第四章　基础线稿手绘表达

产品的结构、透视、比例等因素都需借助线条进行塑造，如同文字作为文学创作最基本的创作元素一样，线条则是产品设计手绘表达最基本的语言，准确绘制产品线稿是至关重要的基础学习环节。

产品的形态变化十分丰富，从形态特征上我们可以把它们分为直线型和流线型两大类。直线型主要以直线绘制为主，直线条给人感觉要流畅、硬朗；流线型产品主要以曲线绘制为主，曲线条给人感觉要流畅、有韧劲。另外，线条的组织要有层次感，绘制的版式要能更好地传达创意等。下面我们先分别学习这些相关的基础知识，然后再灵活运用它们，从而准确、快速、高效地完成产品线稿的绘制。

第一节　不同类型线的绘制方式

平时练习线条要由浅入深，由易到难，一般按这个过程来着手练习：直线→弧线→透视圆。

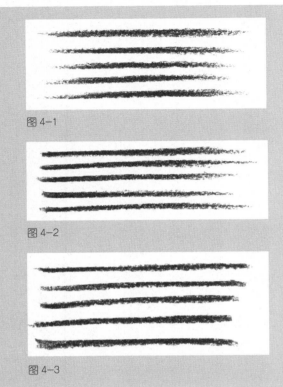

图4-1

图4-2

图4-3

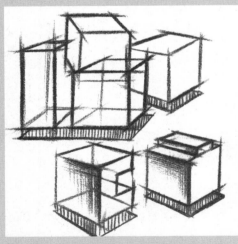

图4-4

图4-5

一、直线的绘制方式

直线是产品设计手绘中最常用的线条，多用于塑造直线型产品。依据使用情况的不同，直线大致可分为两端轻中间重、一端重一端轻及轻重较平均的直线三种类型。

(1) 两端轻中间重的直线

多用于绘制产品基本透视关系及结构比例，是前期起稿阶段最常用的线条，其训练方法如下：

先确定线条位置：在纸面上任意定出两点；再确定线条轨迹：迅速平移手臂，带动笔尖在纸面上做直线运用，并确保笔尖通过在纸面上定出的任意两点；最后绘制线条轨迹：确定线条轨迹后将目光移至两点中间位置，同时将笔尖迅速接触纸面即可。如图4-1所示。

(2) 一端重一端轻的直线

多用于产品结构的进一步塑造与深入刻画，是细致刻画阶段常用的线条，其训练方法如下：

先确定线条位置：在纸面上任意定出两点；再确定线条轨迹：将笔尖定于起点位置，同时将目光移至终点；最后绘制线条轨迹：由起点开始绘制，笔尖将到达终点时迅速脱离纸面即可，如图4-2所示。

(3)轻重较平均的直线

多用于铅笔起稿中产品结构的精细塑造，其绘制方法与中性笔起稿类似，其训练方法如下：

首先确定线条位置；其次确定线条轨迹：将笔尖定于起点位置，并将目光移至终点；最后绘制：由起点开始绘制，笔尖将到达终点时停止绘制，如图4-3所示。

直线条要感觉直、挺，尽量保证线与线之间的距离相等；可以配合简单的几何体练习直线，比如正方体、长立方体等；再运用直线绘制相对复杂的形体，如对正立方体适当切割或者叠加后的形体、直线型的产品等。如图4-4、图4-5所示。

二、弧线的绘制方式

在现代产品设计中，曲面元素被大量运用，如流线型设计、过渡曲面、圆形按钮、倒角形态等。依据产品设计中的应用，曲线可分为两大类型：随机型和几何型。

1. 随机型曲线

常用的随机型曲线有 3 点曲线，多用于流线型产品及产品过渡曲面的绘制，如图 4-6 中所绘制的产品类型。

先确定线条位置：在纸面上定出曲线关键节点；再确定线条轨迹：移动手臂以带动笔尖在纸面上做曲线运动，并确保笔尖通过纸面上定出的多个节点；最后绘制线条轨迹：确定线条轨迹基本通过节点后，将笔尖迅速接触纸面。如图 4-7 所示。

一般先画好同方向的小弧度弧线，弧线与弧线之间的间距要一致，速度放慢；再练习不同弧度的弧线，从弧度小的弧线到弧度大的弧线逐步过渡；最后再用不同弧度的弧线画相对复杂的带有曲面元素的产品。如图 4-8、图 4-9 所示。

2. 几何形曲线

圆和椭圆作为曲线的一种特殊情况，相对于随机型曲线更具有规律性和几何特征。这类设计语言在产品设计中也被广泛应用，如图 4-10、图 4-11 所示的小家电产品便大量运用了圆和椭圆的造型语言。

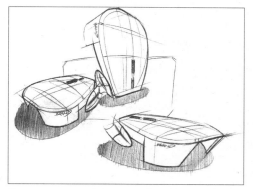

图 4-6

图 4-7

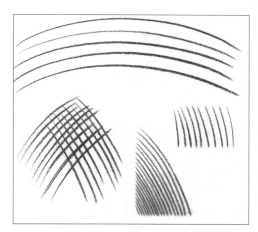

图 4-8

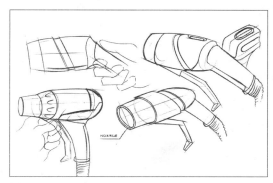

图 4-10

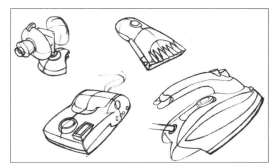

图 4-11

图 4-9

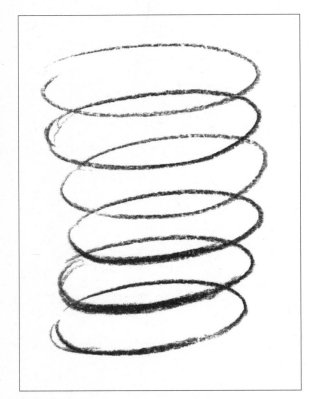

图 4-12

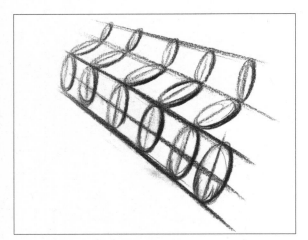

图 4-13

图 4-14

在线条练习阶段，其训练方法如下：

先确定位置：在纸面上定出圆心位置，并估算出半径大小；再确定线条轨迹：移动手臂以带动笔尖在纸面上作圆形或椭圆形运动，并控制运动范围；最后绘制线条轨迹：确定线条运动轨迹及范围基本满足要求后，将笔尖迅速接触纸面。如图4-12、图4-13所示。

圆在产品手绘图中运用较多，比如一个产品中的圆形按钮、圆柱形造型产品等，这些都要通过练习画圆来加强。画圆时要注意速度和力量的协调。

把圆的练习和实际产品的造型结合起来练习，多找一些以圆为造型或者包含了圆形元素的产品，配合各种圆形透视练习，也可以把圆和前面讲的弧线结合起来进行绘制。如图 4-14、图 4-15 所示。

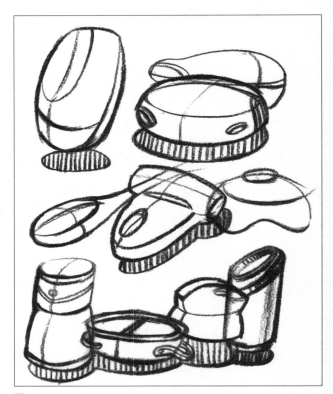

图 4-15

第二节　线稿表达基本方法及步骤

一、单色线稿步骤

1. 定位图形大小；

2. 再定位图形结构之间的比例关系；

3. 最后整体进行细部结构刻画。

二、注意事项

1. 图形大小要适合其细部结构的表达；

2. 结构关系要明确，画出层次，线条完整流畅；

3. 轮廓线、结构线和形态线，亮部线和暗部线要有虚实区别，如图4-16所示。

4. 画面效果要有主次，刻画要有重点，用笔要有紧有松。

三、正确用笔方法

1. 用笔要快，不能慢慢画；

2. 杜绝碎线、断线或"毛线"；

3. 要用较虚的线画形态线和材料的反光线，较实的线画结构线和轮廓线；

4. 要准确流畅，尽量不要借助尺规、橡皮来修形。

四、机器人战士的步骤图表现

1. 整体比例表现

（1）首先根据机器人战士的结构特征，分别画出几部分；

（2）确认结构部分转折点的位置，注意透视关系和比例的准确性，如图4-17所示。

2. 细部结构关系表现

（1）将结构转折点用线连接起来，用笔要果断迅速；

（2）注意细部结构的层次及比例关系，用笔要有变化，重点部位和主要结构点要严谨，暗部和远处部位的表现要概括和弱化，如图4-18所示。

3. 画面调整、深入刻画

（1）将轮廓线和主结构线加重画出层次关系，用笔要果断；

（2）对重点部位细节深入刻画，用笔要有疏有密；形态线、反光线和表现材质的线要流畅，注意表现的分寸，如图4-19所示。

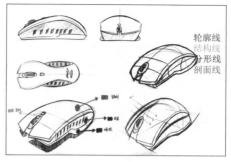

图4-16

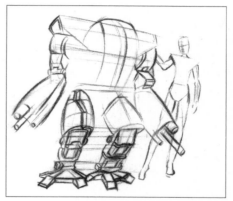

图4-17

图4-18

图4-19

图4-20　蓝牙耳机概念设计图

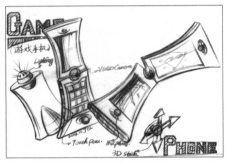

图4-21　游戏手机的设计方案

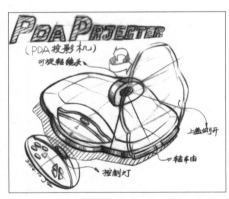

图4-22　PDA 型的投影机

图4-23　电子日记的概念设计

第三节　线稿表达案例

一、IT 数码类产品

1. 蓝牙耳机概念设计图（图4-20），以一个较正面视角的产品作为主体图形，展示出其流畅动感的形态特征，背景的花卉、年轻的女性暗示出该设计适用群体是年轻人，其流畅的外形与植物花卉有一定的关联。

2. 游戏手机的设计方案（图4-21），设计主体平常作为手机，也可以用来作为游戏机主机。主要出发点在于让操作状态通过3个视图表现出功能转换的过程，设计图的安排让我们去想象3组产品就在眼前，遵循着同样的透视方向。表现的主体以游戏功能为主，并且在重心上也偏向右侧。这种安排让产品造型的震撼性更为强化，再加上对线条加强深度，画面自然会聚焦到设计者想要表现的主体身上。

3. PDA 型的投影机（图4-22），强调镜头可环绕投影的概念。主体图的上盖图像仅以近似虚线的方法来展现，代表着可翻开的上盖，也显示出转折的方式。主体图上的特征线条用单线来勾勒出形态线。左下侧控制区的局部图像更是简要地点出按键的排列及数节，意在分析可能的控制键以及位置摆设、功能特点及控制模式。

4. 电子日记的概念设计（图4-23），产品的整体图像居于中央，并且占有最大面积，其下方"压"着另一个产品的图像，这两个图像分别有文字批注来解释各区域的功用。也就是说，所有绘制的图像都应该赋予不同的目标，各尽其职地占有设计图上的一席之地，让设计图较为生动。

5. 电子阅读机设计（图4-24），设计图上仅出现产品的展开图及两个收藏盒盖的图像，并用文字协助解释产品造型弧线的特色。是表现收藏功能的例图。

6. 新式的电子钱包设计（图4-25），结合了电子卡片以及通讯设备于一体的概念。设计图左侧表现出即使是未来性的产品，仍然会使用传统的收藏概念来收藏"电子钱币"。图像所使用的观察角度就是以使用者取用钱包时所看到的角度，让看图人立即体会出概念的原意。

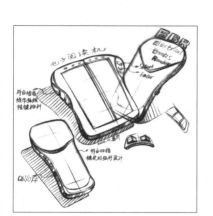

图 4-24　电子阅读机设计

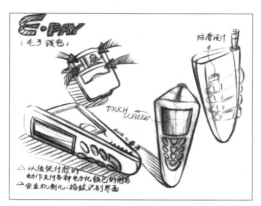

图 4-25　新式的电子钱包设计

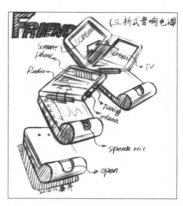

图 4-26　三折式音响电话的设计

7. 三折式音响电话的设计（图4-26），用三个重叠式的图像，讲解产品概念三步骤功能的区别。特别是图案中加入箭头及说明文字，让构想的动作与图像配合，构思的意义十分鲜明。

8. 旅游百科设备设计（图4-27），以一个手势来表明构想中的旅游百科设备如何被携带以及操控。看到这样的图标，我们就会去思索，设备放于手掌上方便与否。也许有不尽理想的地方，尚且需要深入思考解决。但是，这样的图像已经将整个操控概念清楚地表现出来。

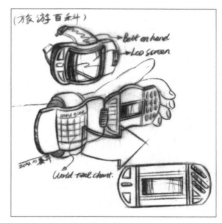

图 4-27　旅游百科设备设计

9. 投影仪设计（图4-28），为了要快速地将产品的整体状态表现出来，有些形态的细节在初期的设计图上会省略不画。此时先考虑人与机器的关系，仅仅绘出概念的主要方向，其他次要的疑点都暂时搁置。如某些细节（如手写板的卡合问题、手写笔的固定问题）也是在"把构想的主要感觉抓住"的概念下先予以省略。

每一个设计方案所采用的透视角度都会有所不同，但是，一般的表现图，至少都会使用两个以上的图像来表达一个设计概念。

10. 数码防卫者概念产品（图4-29），开启和关闭状态下的场景图将产品的功能、使用方式表现得非常清晰。产品特征形状、简单的阴影也会成为十分有用的背景，它能够将前景的主体图像做相当大的强化。

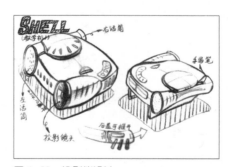

图 4-28　投影仪设计

二、家电生活类产品

1. 腕式健康计概念（图4-30），以一组左手姿势来表达产品的使用情况，另外用箭头描述各组按键

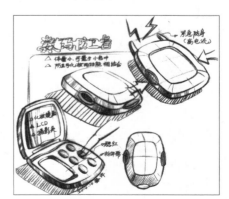

图 4-29　数码防卫者概念产品

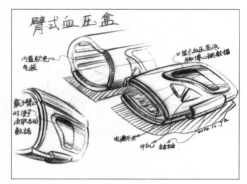

图 4-31　臂式血压盒的概念设计图

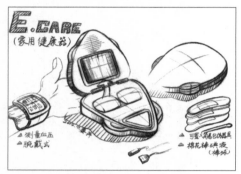

图 4-32　家用健康器设计

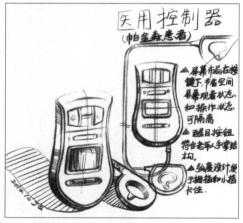

图 4-33　帕金森患者医用控制器

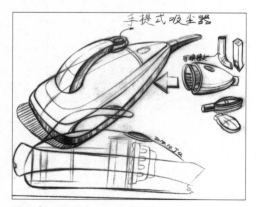

图 4-34　手提式吸尘器

的功能。左侧把屏幕的指示内容表达出来，下侧则指出产品如何收藏。仅仅透过 3 个图像就将整个构思的概念交代完整。

2. 臂式血压盒的概念设计图（图 4-31），产品的主体图像以类似绑于手臂上使用的角度来展开，设计图的左侧又以同样的观念画出人体左上臂的图像，表现出佩戴上产品时的状态，这种表现方式可以让看图者很贴切地察觉到产品的使用形态。

3. 家用健康器设计（图 4-32），主体图像的两侧有两种当作背景意义的图像，一为设计图右侧的特点说明图；另一为主体图背面的手掌透明图像。这两个图像虽然代表不同的意义，但是它们都可以作为衬托主体图像的背景。绘制背景图像时，需要注意的仍旧是"不要反客为主，背景抢走主体的眼光"，这个观念必须时时记住。

4. "帕金森患者医用控制器"（图 4-33）的主体图像以产品的主要特征面作为主视角，保证界面细节易于理解，突出该设计的特征。

5. 手提式吸尘器（图 4-34），以一个透视图与一个侧视图为主要图像，透视图的表达展现出造型的意图，而侧视图则将产品的厚度以及各部分的尺寸比例表现出来。

6. 自动挂号机概念设计图（图 4-35），产品的主体图像以整体图和局部细节图相结合的方式来展开，右侧人物场景的使用图可以让看图者很贴切地察觉到产品的使用方式、尺寸概念。

7. "卡通收音机"（图 4-36）以多视角的透视图作为主体图像来展示设计师的构想，画面构图安排营造出了轻松活泼的氛围，这与该产品的功能特点完全吻合。

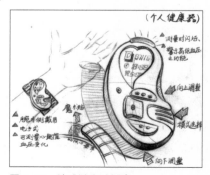

图 4-30　腕式健康计概念

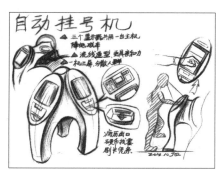

图 4-35　自动挂号机概念设计图

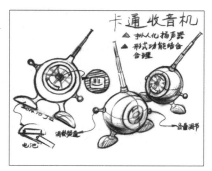

图 4-36　卡通收音机

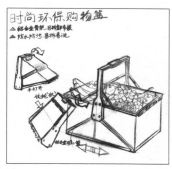

图 4-37　时尚环保购物篮

8. "时尚环保购物篮"（图 4-37）以打开和收纳状两个视角的透视图共同组成画面主体，突出该产品方便携带、易维护的特征。

9. "个人自救器"（图 4-38）以产品的使用情景来展示该产品的各种防护功能，使观察者易于理解该设计的使用方法、功能。

10. 同上面的设计一样，也是"个人自救器"（图4-39），虽然设计的展开点不一样，但都是以产品的使用情景来展示产品的各种防护功能，使观察者易于理解该设计的使用方法、功能。

11. 同上面的设计一样，也是"个人自救装备"（图 4-40），虽然设计的展开点不一样，但都是以产品的使用情景来展示产品的各种防护功能，使观察者易于理解该设计的使用方法、功能。

12. 遥控器的概念图（图 4-41），以产品使用情景来传达设计构想，左上角的背景是各种家电设备，用以衬托该产品的"遥控"功能之强大。左下方的这堆文字的行数较多，但不要造成不易阅读的感觉。

13. 立姿的睡眠辅助器（图 4-42）。在图右侧下方可以看到产品的分解图例。运用分解图可以让我们对产品的构想成分有一个清楚的层次概念。设计图的左侧则显示出使用者佩戴时的情形。这样的传达方式对于全新的设计概念，或者不曾有过的产品功能尤其重要。在构想上若不能提供足够的"想象情报"，只依赖产品构想的整体图像，绝对不足以让构想被认同、欣赏。

14. 旅游设备（图 4-43），是一种游戏机的概念，强调它是在车上消磨时间所使用的机种。也可以当做游览地图的信息站，还可培养小孩子对开车的兴趣。

图 4-38　个人自救器

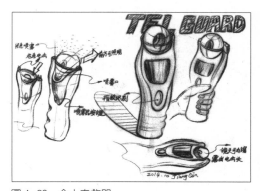

图 4-39　个人自救器

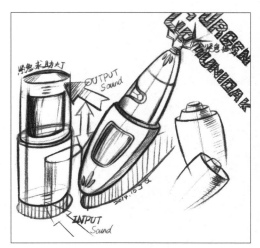

图 4-40　个人自救装备

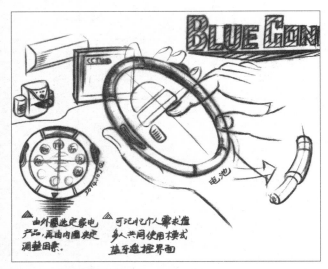

图 4-41 遥控器的概念图

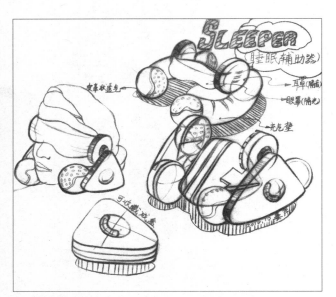

图 4-42 立姿的睡眠辅助器

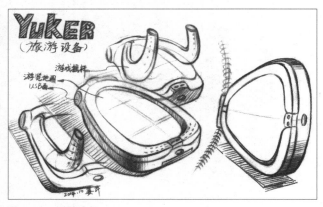

图 4-43 旅游设备

设计图中以重叠的方式将摇杆立起来作为游戏机的操控模式，让看图者一眼即可看出趣味性是设计重点。

15. 烤面包机复古设计（图 4-44），为了描述收线方式的设计，绘制了一个局部图像区域。由于设计上要表现出它是手摇式的，并且还要表现出动态的感觉，所以附加了箭头，表现出把手旋转的方向。

16. 项链式收音机（图 4-45），以数个局部的虚线图像和一组完整的图像来表达外壳可替换的设计特点。虽然这些使用局部虚线的图形并不完整，但是这样的线条组合，已经足以暗示出构想的企图。所以，并非每个对象都需要清晰完整，在绘图时适当地留下"缺陷"可以使构想概念具有延伸扩展的空间。

17. 指纹识别门锁概念设计（图 4-46），采用指纹辨识功能作为入门记录器。在图左侧以简单的线条做出环境说明图，右侧图像则是将产品构想放大，用来观察设计构想的特点。

18. 吸尘器（图 4-47），主要在于表现产品前端与后面不同的感觉以及可以替换吸头的功能说明。当将各种吸头的局部零件图像绘出来时，看图者会立即了解到这个吸尘器所搭配的各式功能。

19. 美容工具设计（图 4-48），美容组合以整体图形来传达产品的形态、结构特征，以局部图的模式来说明替换刀具的功能，让人体会到更改刀具后的功能。

20. "E.PASS"（图 4-49）采用两个以上的完整产品图像来表现构想的特色。这两个产品图像所要表达的意义，以及配置的各种不同的组合方式，以描述产品打开、闭合的模式为主。

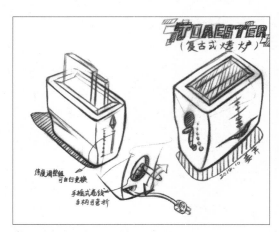

图 4-44 烤面包机复古设计

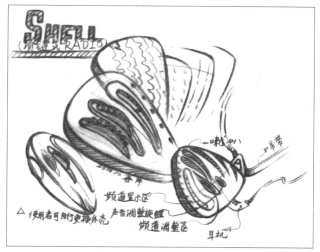

图 4-45　项链式收音机

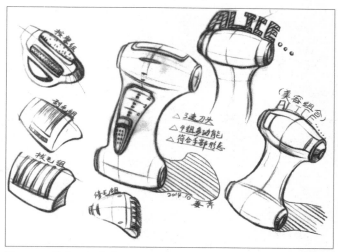

图 4-48　美容工具设计

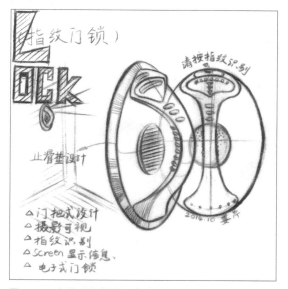

图 4-46　指纹识别门锁概念设计

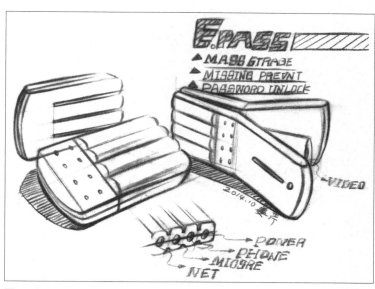

图 4-49　E.PASS

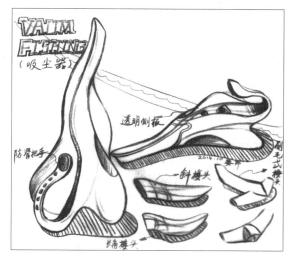

图 4-47　吸尘器

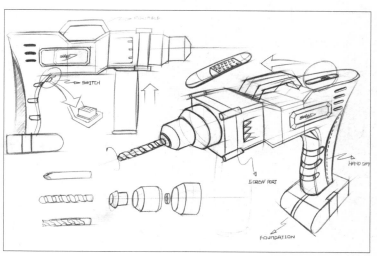

图 4-50　电钻设计

图 4-51　运动鞋设计

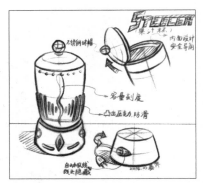

图 4-52　果汁机的设计方案

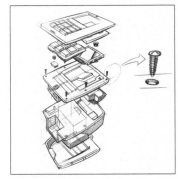

图 4-53　组装图设计

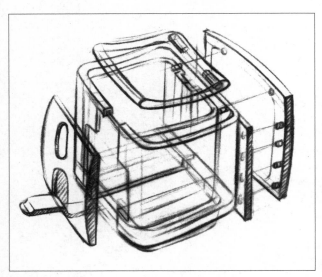

图 4-54　组装图设计

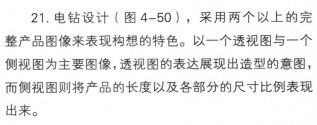

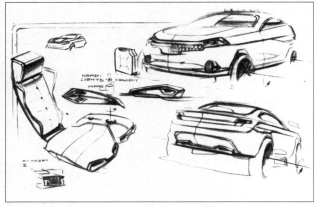

图 4-55　城市轿车设计

21. 电钻设计（图 4-50），采用两个以上的完整产品图像来表现构想的特色。以一个透视图与一个侧视图为主要图像，透视图的表达展现出造型的意图，而侧视图则将产品的长度以及各部分的尺寸比例表现出来。

22. 运动鞋设计（图 4-51），采用多个完整产品图像来表现构想的特色。主要透视图展示运动鞋的形态特征，平面图则把不同面的特征强化表达出来。

23. 果汁机的设计方案（图 4-52），右侧的果汁机局部图像表现出打开上盖倾倒的状态，借以表明倾倒果汁机开口处的特殊设计，也描绘出盖子的把手设计。在右下侧的收线处的设计是采用局部图像配合主体图像。这些图像的角度必须要与平常的使用习性相符合，主机座画在下侧位置，果汁杯就应置于中央位置。

24. 组装图设计（图 4-53），构想的所有内部零件结构都被分解开来：前盖、后盖、左盖、右盖、上盖、内盒等零件在这个构想图中一览无遗。各个零件虽在空间中分解开来，各自独立，但是，仍然让各对象保持微小的重叠，隐约透露出各对象间的结合形式及前后配合的造型位置。

25. 组装图设计（图 4-54），和上面一样是产品的组装图，这种设计图形式是设计师思考结构问题的重要工具。设计师在思索设计问题时，构想一直是以立体空间的信息模式在脑中成形，即使采取平面的表现工具表达，仍然不减他心中所谓"心灵之眼"对产品的认知。

三、交通工具类产品

1. 城市轿车设计（图4-55），画面的主体图是以汽车的四分之三前脸、汽车后视图和座椅作为视觉元素，主要在于展示轿车的时尚造型特征。

2. 城市跑车设计（图4-56），画面的主体图是以汽车后视图、汽车左右两面的四分之三前脸作为视觉元素，主要在于展示跑车的流畅动感的造型特征。

3. 敞篷跑车设计（图4-57），画面以跑车的四分之三前脸透视图来表达该车的性能特征、时尚的造型。

4. 雪地交通工具设计（图4-58），画面以雪地车的整体透视图为主、侧视图为辅，透视图能很好地把该车的性能特征表达出来，平面图便于表达该车的整体尺度和不同部件之间的比例关系。

5. 重型卡车设计（图4-59），将画面的视平线选择在车灯的高度位置，带有一定的仰视角度，以凸显卡车的体量感。

图4-56　城市跑车设计

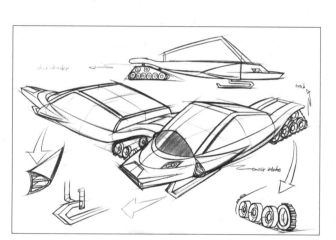

图4-58　雪地交通工具设计

图4-57　敞篷跑车

图4-59　重型卡车设计

第五章　色彩明暗表达

线条给人的感觉比较单纯、单薄，不足以表现产品的丰富形体，只有结合了色彩、明暗，才能让人真正感受到立体效果。现代设计手绘表达应突出快速、准确、生动、形象，摒弃传统耗时的表现技法，如喷绘等，本书以马克笔表现技法为主进行学习。

第一节　产品配色规律

色彩作为产品形态设计的彩色外观，不仅具备审美性和装饰性，而且还具备符号意义和象征意义。作为视觉审美的核心，色彩深刻地影响着人们的视觉感受和情绪状态。人们对色彩的感觉最强烈、最直接，色彩是产品给人的第一印象，而这一印象，会直接影响消费者对产品的兴趣。一个产品应该具有什么样的色彩？什么因素影响了产品的色彩设计？怎样对产品色彩进行有效的设计？这些都应该引起我们的关注，尤其是面对日益激烈的全球化竞争，这些显得尤为重要。

一、产品色彩设计的重要性

产品色彩是产品设计的第一视觉元素和感受基础，产品色彩设计与形态设计在前期设计工作中同样重要。产品色彩设计是建立在产品形态基础上的，它是产品的色彩配置、分类、组织、安排的预想设计。不同的用色会形成不同的心理感受：或华丽或朴实或热烈或含蓄或时尚或科技或文化等基本的色彩感受，好的产品色彩设计不仅可以弥补产品形态的不足，还能加强产品功能的表达，使产品更加完美。相反，如果处理不好，不但会影响产品整体形态的美感，还会造成识别和操作的失误，从而，影响产品正常功能的发挥，甚至有可能产生破坏性后果。因而，产品的色彩设计是一项不容忽视的工作。如图5-1所示。

二、影响产品色彩设计的因素

产品的种类繁多，形态各异，功能特点不同，色彩设计也各不相同，我们无法一一列举具体的设计方法，但不同的产品色彩设计却有一定的规律可循。在设计活动中我们必须整合影响或限制色彩设计的因素，产品色彩会因为"人、事、时、地、品牌战略"不同而不同。

1. 因人

人是环境的主体，不同性别、年龄、个性和不同气质的人对色彩有不同的认识，即使是同一个人受外界环境的影响，自身的情感变化对色彩的认识也会改变。如：男性喜欢带刚强、庄重、粗犷特性的色彩，女性喜欢温和、典雅、华美的色彩。年轻人喜欢明快的色彩，老年人喜欢含蓄的色彩。此外，各民族、各地区人们的民俗甚至政策法规等也会对色彩也有影响。如：中国人喜欢红色，认为喜庆，而英国人禁忌红色，认为不祥。黄色在信仰佛教的国家倍受欢迎，而埃及等国认为黄色是不幸的颜色。因此，产品的色彩设计不能忽视性别、年龄的差异，并且要充分尊重各民族的信仰和传统习惯，这样才能使产品受到不同国家、不同民族、不同信仰、不同层次的人们的广泛喜爱。如图5-2、图5-3所示。

2. 因事

这里的"事"主要是指产品的色彩设计应根据产

图5-1

图5-2

图5-3

图5-4

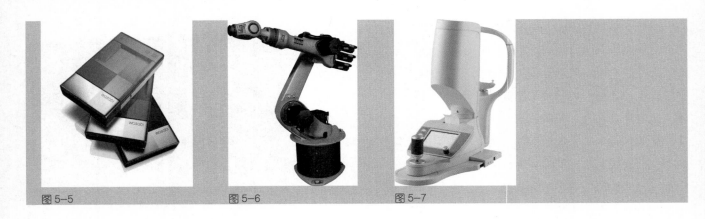

图 5-5　　　　　　　　　图 5-6　　　　　　　　　图 5-7

图 5-8

图 5-9

图 5-10

品不同的功能而应该进行区别对待。每种产品都有各自的功能，产品色彩设计要加深人们对产品实用功能的理解，使产品功能正常发挥并取得良好的效果。如在产品色调设计时首先应把握住产品功能与色彩功能的内在联系，因为色彩本身因人们的视觉经验具有一定的特质，在与具体产品结合应用时，就可以表现出不同的内在联系和倾向性。如：重型产品易用较深和沉重的色调，以表现重型产品稳重和有力的功能特性，如图 5-4 所示。而轻型精密的产品易用浅而沉静的色调，以表现轻型产品的精密和轻巧的功能特性，如图 5-5 所示。消防车的红色主色调、工程机械的黄色和蓝色主色调、卫生用具和医疗器械的浅色调……如图 5-6、图 5-7 所示。这些都是产品功能特征应与色彩功能相结合的例子。

3. 因时

不同的时间和不同的季节，对色彩有不同的要求。一般而言，冬季用产品宜用暖色调、夏季用产品宜用冷色调，这样更加符合人的生理和心理需求，如图 5-8 所示；不同的时代有不同的流行色，流行色可分为经常流行的常用色和短暂流行的时髦色两类，如黑、白、灰、金、银就是流行的常用色，如图 5-9 所示。流行色在一定程度上对市场消费有积极的指导作用。当然，产品的色彩设计既要符合时代审美要求，又要不失产品的功能特性。

4. 因地

产品色彩设计还要根据实际客观环境，使产品能与周围环境相协调，并成为环境中的有机组成部分。自然环境是设计师首先要考虑的，在炎热的环境中，产品色调应给人以清凉沉静安定的感觉,需采用纯度低、明度高的冷色为主色调。在寒冷的工作环境中,其色调应给人以温暖的感觉,宜采用纯度高、明度低的暖色为主色调。作业环境要求工业产品的色彩设计应有所不同,例如户外工作的运输、建筑等工程机械能在环境中体现出来,宜采用高纯度和明度高与背景色有强烈对比的色彩等。如图5-10所示。

5. 品牌战略

产品色彩在设计中常常具有一定的象征意义,它不仅表示单个产品的功能、使用方式等属性,还与产品的形象相适应,它往往反映产品的群体形象甚至关系到企业的形象和理念。从这个层面看,产品色彩具有一定的战略意义。

基于品牌形象稳定传播的需要,产品色彩也应该有相对固定的配合或一定的原则。总体而言,为产品指定稳定、持续或渐进的色彩,和适当数量的颜色配合,通过统一色系,统一企业旗下不同种类、不同型号的产品,形成横向的系列产品群,使产品具有家族性的整体感,从而达到较好的个性和统一。这在提高生产效率、降低成本的同时,更能在充满竞争的市场上,有效地保持产品视觉形象的延续性和识别性,强化品牌的个性特征,增强产品的整体竞争力。因此,设计师对色彩的关注不仅仅停留在产品本身,更要提升到品牌形象的系统思考层面,通过对产品色彩的精心规划,力求体现产品和企业的品质,来塑造产品形象并进而强化品牌形象。如图5-11、图5-12、图5-13所示。

同时,产品色彩还经常受到时尚流行的影响。由于全球化使国际消费的交流日益频繁,使得消费者和设计师都深受外来或本地流行文化的广泛影响,流行艺术文化在改变各地消费者的美学观念和消费观念的同时,产品设计师也应极力适应或跟随这种变化的趋势。

三、 提高产品色彩竞争力的有效方法——策略化的整合

由上述可知色彩印象的构建,除了要符合美学的需求以外,还需要整合"因人、因事、因时、因地"的因素,尤其是品牌形象战略等内容,不能随意猜测。

图5-11

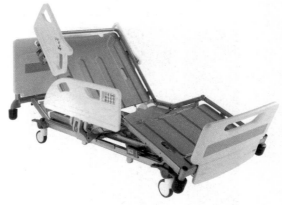

图5-12

图5-13

图 5-14

图 5-15

图 5-16

策略化的整合对有序且有效地提升产品色彩竞争力有着重要的作用。

产品色彩设计要达到好的效果，还要把握好一些原则和创新的尺度，注意合理性、艺术性、创新性等三项原则在色彩设计中的使用，这三项原则同时也是产品色彩设计的三个不同境界。如：合理性，是指根据产品的使用功能、材料、环境等特性和特定的设计要求正确地选择色彩；艺术性，是指通过不同色彩间的调和与对比，突出产品色彩的艺术美感，塑造品牌的个性形象；创造性，是指设计者要突破以往色彩使用的惯例，大胆使用不曾采用过的新色彩，创造出与众不同的视觉效果。如图 5-14 所示。

四、产品设计表达中色彩性质的应用

色彩对我们视觉器官的刺激是最为明确的，色彩也是物品给人的第一印象，当我们看到色彩时，除了会感觉其物理方面的影响，心里也会立即产生感觉，这种感觉我们一般难以用言语形容，我们称之为印象，也就是色彩性格。不同的色彩具有不同的色彩性格，一般应用如下：

1. 红色

由于红色容易引起注意，所以在各种人类实践中也被广泛地利用，除了具有较佳的明视效果之外，更被用来传达有活力、积极、热诚、温暖、前进等涵义的企业形象与精神。另外，红色也常用来作为警告、危险、禁止、防火等标示用色。人们在一些场合或物品上，看到红色标示时，常不必仔细看内容，即能了解警告危险之意。在工业安全用色中，红色即是警告、危险、禁止、防火的指定色。如图 5-15、图 5-16 所示。

2. 橙色

橙色明视度高，在工业安全用色中，橙色即是警戒色，如火车头、登山服装、背包、救生衣等。由于橙色非常明亮刺眼，有时会让人有负面低俗的印象，这种状况尤其容易发生在服饰的运用上。所以在运用橙色时，要注意选择搭配的色彩和表现方式，才能把橙色明亮活泼、具有食欲感的特性发挥出来。如图 5-17 所示。

3. 黄色

黄色明视度高，在工业安全用色中，黄色即是警告危险色，常用来警告危险或提醒注意，如交通信号灯、工程用的大型机器以及学生用雨衣、雨鞋等，都使用黄色。如图 5-18 所示。

4. 绿色

在商业设计中，绿色所传达的清爽、理想、希望、生长的意象，符合了服务业、卫生保健业的诉求；在工厂中为了避免操作时眼睛疲劳，许多工作的机械也是采用绿色；一般的医疗机构场所，也常采用绿色来做空间色彩规划及标示医疗用品。如图 5-19、图 5-20 所示。

5. 蓝色

由于蓝色沉稳的特性，具有理智、准确的产品色彩分析意象，在商业设计中，强调科技、效率的商品或企业形象，大多选用蓝色当标准色、企业色，如电脑、汽车、影印机、摄影器材等等。如图 5-21、图 5-22 所示。

6. 紫色

由于具有强烈的女性化性格，在商业设计用色中，紫色也受到相当的限制。除了和女性有关的商品或企业形象之外，其他类的设计不常采用为主色。如图 5-23 所示。

7. 褐色

在商业设计上，褐色通常用来表现原始材料的质感，如麻、木材、竹片、软木等，或用来传达某些饮品原料的色泽及味感，如咖啡、茶、麦类等，或强调格调古典优雅的企业或商品形象。如图 5-24 所示。

图 5-17

图 5-18

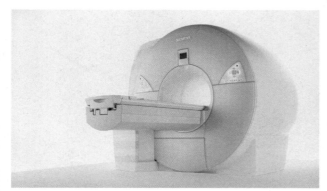

图 5-20

图 5-19

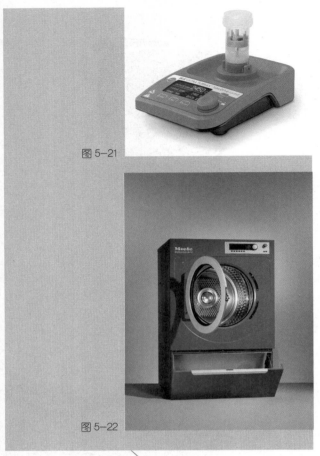

图 5-21

图 5-22

图 5-23

图 5-24

8. 白色

在商业设计中，白色具有高级、科技的意象，通常需和其他色彩搭配使用。纯白色会带给别人寒冷、严峻的感觉，所以在使用白色时，都会掺一些其他的色彩，如象牙白、米白、乳白、苹果白。在生活用品、服饰用色上，白色是永远流行的主要色，可以和任何颜色作搭配。如图 5-25、图 5-26 所示

9. 黑色

在商业设计中，黑色具有高贵、稳重、科技的意象，许多科技产品的用色，如电视、跑车、摄影机、音响、仪器的色彩，大多采用黑色。生活用品和服饰设计大多利用黑色来塑造高贵的形象，也是一种永远流行的主要颜色，适合和许多色彩作搭配。如图 5-27、图 5-28 所示。

图 5-25

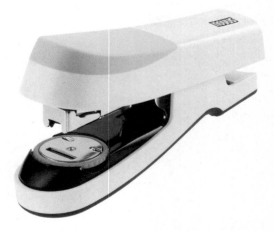

图 5-26

10. 灰色

在商业设计中，灰色具有柔和、高雅的意象，而且属于中间性格，男女皆能接受，所以灰色也是永远流行的主要颜色之一。许多高科技产品，尤其是和金属材料有关的，几乎都采用灰色来传达高级、科技的形象。使用灰色时，大多利用不同的层次变化组合或调配其他色彩，方不会过于"素"而产生沉闷、呆板、僵硬的感觉。如图5-29、图5-30所示。

第二节 形体明暗塑造

一、明暗关系的塑造

在完成线稿绘制后的着色过程中，产品的明暗关系塑造是否符合光影原理（三大面五调子）与材质属性，是决定产品手绘图着色成功与否的关键。

在图5-31和图5-32、图5-33和图5-34中，着色过程抛开颜色、材质、肌理的干扰，绘者将手绘图假想为黑白素描稿，是正确塑造及检验明暗关系的有效方法之一。

图5-27

图5-28

图5-29

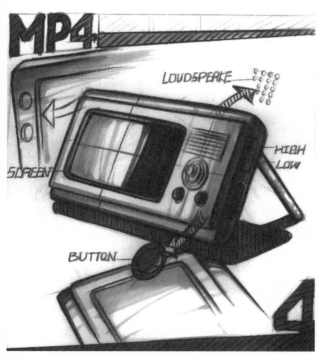

图5-31

图5-30

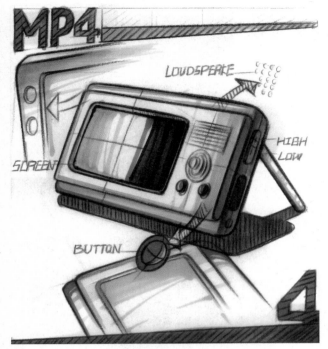

图 5-32

图 5-33

图 5-34

二、光源设置

形体明暗关系变化的最根本的原因是由于光线对物体不同面的影响不同而造成的。绘制产品之初需要为产品设定一个主光源，并借助该光源作用到各个面上的不同变化来区分形体。光线弱时，物体明暗差距小；光线强时，物体明暗差距大，需要设定一个恰当的强度以更好地表现产品形体。光源强度过低或者过高均会影响产品形态的准确表达，如图 5-35 所示。

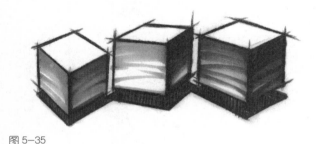

图 5-35

在图 5-36 中，光源为产品手绘图绘制中的常用类型。

上部的直边方体在 60° 侧方照射的情况下，各个面接受光线强度不一，明暗跨度大，适合大部分产品的表现。如图 5-37 所示。

下部的倒角方体在 45° 前方照射的情况下，灰面面积较大，直接接受光源照射的亮面（面 1）面积较小，多用于表现有倒角的产品。如图 5-38 所示。

第三节　质感表达规律

在产品设计中，材质的选择直接影响其使用、美学价值评判及产品与人的交流。在产品手绘图中，材

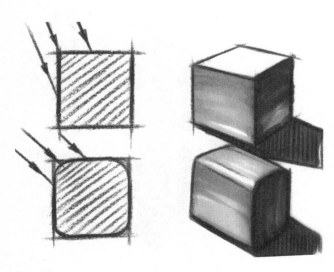

图 5-36

质语言的表达是否准确也影响产品设计语言的有效传递。产品设计所涉及的材质种类众多，看似纷乱复杂，但认真分析材质本身及其与光源、环境的关系，我们可以将常用材质分为高反光材质、亚光材质、弱反光材质、半透明材质、透明材质等，其他常用的特殊纹理材质有木纹材质、皮革材质等。

一、高反光材料

常见的高反光材质有镀铬物体、汽车漆、高反光金属、镜面、高反光硬塑料等。这种材质表面光滑，受环境影响大，明暗过渡对比强烈。

强烈的明暗对比在绘制时比较容易表现，环境因素在表达时主要采取象征的手法（因为室内环境和室外环境一般很少绘制出来）。表现室外环境可以把亮面处理成反射天空的蓝色，暗部处理成反射地面的黄色；表现室内的环境可以将其固有色对比加强，塑造出高反光效果即可。如图 5-39 所示。

二、亚光材质

常见的亚光材质有橡胶、纺织品、亚光塑料等。该类材质表面较粗糙，明暗过渡柔和，基本无明显高光点，受环境影响也比较小。塑造该类材质时，绘制出基本明暗关系、色相及表面纹理属性即可，如图 5-40 所示，所表现的除了金属就是橡胶、亚光塑料材质。

三、弱光材质

常见的弱反光材质有橡胶漆、弱反光塑料等。该类材质表面比亚光材质光滑，受一定的环境影响，明暗过渡柔和，有较明显高光，高光强弱受表面光滑程度的影响，表面越光滑则高光越强、越聚焦。

塑造该类材质时，除绘制出其基本明暗关系、色相之外，还应考虑环境因素，如图 5-41 所示。

图 5-37

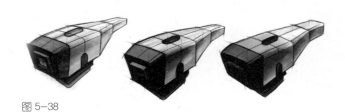

图 5-38

图 5-39

图 5-41

图 5-40

图 5-42

图 5-43

四、半透明材质

常见的半透明材质有磨砂玻璃、半透明塑料。该类材质以透光为主要特征，相对于透明材质，起明暗变化要少明显，且受环境影响要小，高光依据表面光滑程度而定，表面越光滑高光越强，受环境影响也越强，如图 5-42 所示。

五、透明材质

常见的透明材质有玻璃、透明塑料、水晶等，该类材质具有透光、透明的主要特征，高光明显，光影变化丰富，一般没有明显的暗部，反光强。如图 5-43 所示。

六、木纹材质

木纹材质主要特征为其纹理及固有色，高光与环境影响的强弱也取决于表面光滑的程度。塑造木纹材质时可先依据明暗关系绘制其固有色，再用彩色铅笔刻画纹理。在绘制产品手绘图时，除表现木质结构外，将表面较粗糙的木纹材质作为背景来烘托高反光材质类的产品，也是常用的背景处理。如图 5-44、图 5-45 所示。

七、皮革材质

皮革材质的表现方式与木纹材质类似，其高光与反射也取决于表面光滑程度。塑造皮革材质先依据明暗关系绘制其固有色，如表面有凹凸纹理可借助肌理板（如纱窗）塑造。通常皮革材质的结构结合处常采取缝合形式，可借助彩色铅笔与高光笔刻画缝合线。如图 5-46 所示。

八、材质案例

如图 5-47、图 5-48、图 5-49 所示。

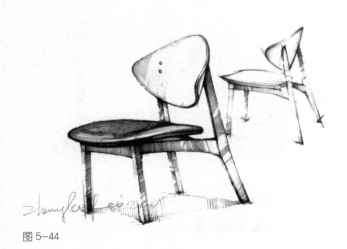

图 5-44

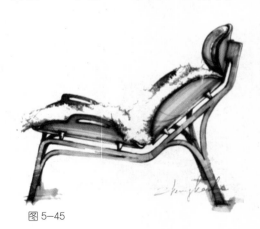

图 5-45

第四节　投影及其背景绘制

一、投影的处理

投影是产品整体光影关系中的一个重要组成部分。由于产品手绘表达中往往以个体的形式出现，极少写实性地绘制出产品的周边使用环境，所以相对于传统绘画的写实性，产品手绘的投影要更具有概括性，且更多的是以衬托并凸显产品的形式出现。绘制投影时大致可遵循以下规律。

产品色彩明度较高时，投影着色可用明度低的马克笔进行绘制，如图 5-50 所示。产品色彩鲜艳程度或明度较低时，投影着色可用明度高的马克笔进行绘制，也可以不着色直接借助线稿来衬托产品，如图 5-51 所示。

二、背景的处理

背景与投影在产品手绘图中都起到衬托及凸现产品的作用，投影的绘制使产品与环境具有上下左右的

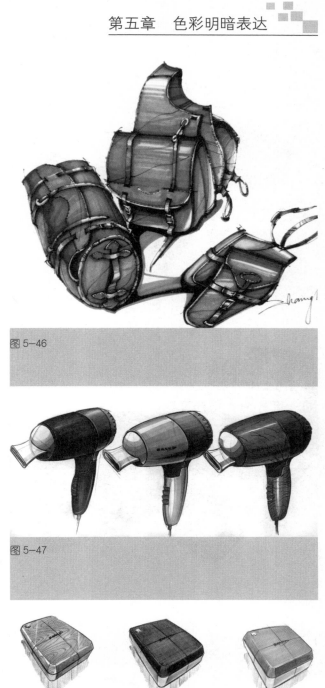

图 5-46

图 5-47

图 5-48

图 5-49

图 5-50

图 5-51

空间层次关系，背景的绘制则使画面增加了前后的层次关系。绘制背景大致可遵循以下规律。

1. 以灰色材质为主的产品可采用色彩纯度高的鲜艳背景，如图 5-52 所示。

2. 色彩明度高的产品可采用深色作为背景，如图 5-53 所示。

3. 色彩纯度高的产品可采用其对比色作为背景，如图 5-54 所示。

4. 色彩纯度高的产品也可采用灰色作为背景，如图 5-55 所示；产品色彩纯度高且明度高时可选用深灰色背景，产品色彩是暖色时可选用冷色背景处理，如图 5-56 所示。

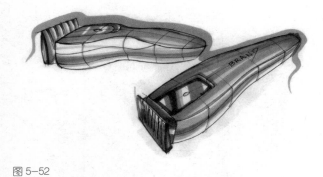

图 5-52

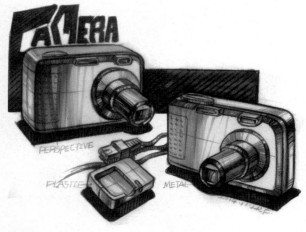

图 5-53

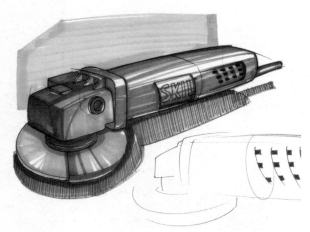

图 5-54

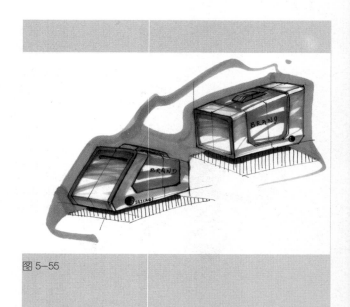

图 5-55

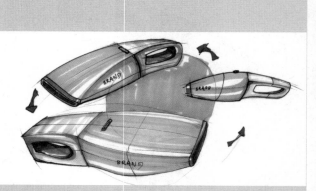

图 5-56

第五节 色彩明暗表达步骤

一、着色方法和步骤

1. 用铅笔起稿；

2. 用马克笔上色，从产品的亮色区用浅色画；

3. 由亮部到暗部逐层加重，画出渐变层次；

4. 画出产品暗部的明暗交界线、反光和投影；

5. 用铅笔或其他工具深入刻画细节，完成作品。

二、注意事项

1. 颜色的选择要以产品的固有色为主；

2. 要注意着色用笔的连续性，用色要衔接自然，如图5-57所示；

3. 保持用笔方向的有序性（根据产品的形态特征、反光效果和材质特征设计正确的用笔方向），如图5-58所示；

4. 暗部是着色的重点，要画出丰富的层次和细腻的变化。

三、马克笔色调变化步骤

1. 在同一色系中，选3~5种从浅到深不同色调的马克笔。

2. 先用最浅的颜色垂直画几遍，形成亮色调。

3. 趁颜色未完全干，用较深的颜色从中间往左右画，覆盖大约三分之二的面积。再用前面的浅色在较深色调的开始处画几遍，将两种色调糅合起来。

4. 趁较深色调未完全干，用第三种更深的颜色从中间往左右画，覆盖大约四分之一的面积。再用前面的第二种色调在第三层开始处垂直画几遍，将两种色调糅合起来。如图5-59所示为同色系渐变、图5-60所示为不同色相渐变。

第六节 马克笔色彩明暗表达步骤案例

一、IT数码类产品手绘步骤案例

这里主要是指计算机类、通信类和消费类的电子产品，其升级换代频繁，几乎每月都有大量的新产品推出，是产品设计的热点领域。在绘制表现时要注意把握好比例关系、材料的质感，上色要符合人们的视觉习惯。

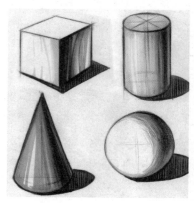

图5-57

图5-58

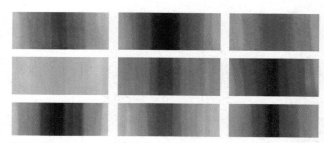

图5-59

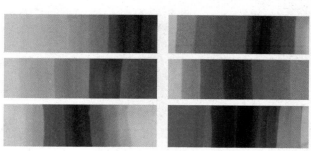

图5-60

1.案例分析 1：MP4 形态比较简洁，绘制时要把握好成角透视与不同部件的比例，机身配色以蓝色调为主，注意表达屏幕的高反光质感。（图 5-61）

①整体线稿绘制：MP4 形态以方体为主导，为了使画面主体图形突出，用产品的正面作为背景来衬托主体物的布局方式。

②深入绘制 MP4 的局部细节、主题文字等，并排线绘制投影和背景，塑造产品与"台面"的空间关系。

③用浅灰色马克笔上色，以 MP4 机身和屏幕为主，由亮部到暗部，暗部用笔多重复几次，画出渐变层次。

④用中灰色马克笔绘制 MP4 机身和屏幕，加深灰面和暗部，并画出投影和背景，形成较明显的明暗对比。

⑤用深灰色马克笔加深 MP4 机身和屏幕的暗部区域，投影同时加深。

⑥用黑色彩色笔对投影重新排线，增强对比，轮廓线和重要结构线适当画实些，使画面层次感更强，绘制完成。

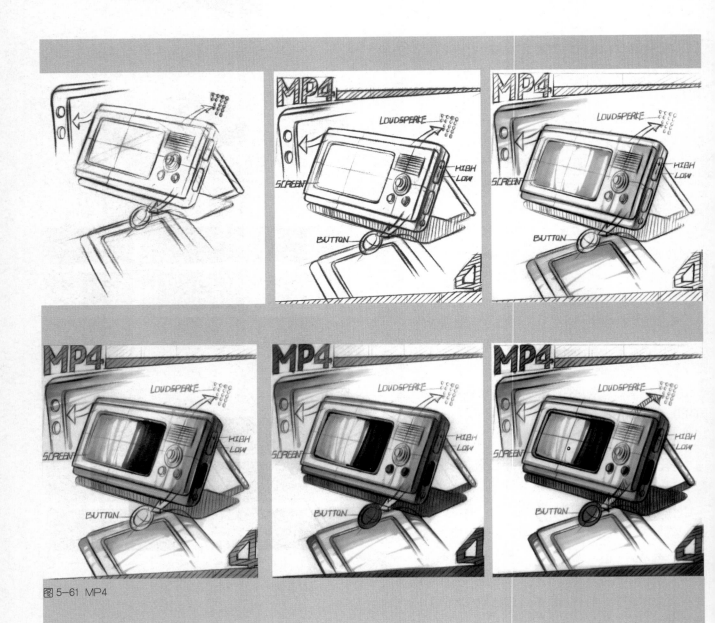

图 5-61 MP4

2. 案例分析 2： PDA 外观形态简洁，绘制时要把握好成角透视与不同部件的比例，机身配色以灰色调为主，屏幕的高反光质感要表达出来。（图 5-62）

①整体线稿绘制：PDA 形态以方体为主导，为了使观察者能直观地感受产品，画面右边配合自然合理的人体动作场景的布局方式。

②深入绘制 PDA 的局部细节、主题文字等，并排线绘制投影和背景，衬托画面的主体形态。

③用浅灰色马克笔上色，以 PDA 机身为主，屏幕以蓝色为主，红色画局部细节，由亮部到暗部，暗部用笔多重复几次，画出渐变层次。

④用中灰色马克笔绘制 PDA 机身和屏幕，加深灰面和暗部，并画出投影和背景，屏幕的亮部区域用橙色画出，形成较明显的明暗对比。

⑤用深灰色马克笔加深 PDA 机身和屏幕的暗部区域，投影同时加深。

⑥用黑色彩色笔对投影重新排线，增强对比，轮廓线和重要结构线适当画实些，使画面层次感更强，绘制完成。

图 5-62 PDA

3. 案例分析3: 此款投影仪主体部件是机身和镜头,在形态上主要由方体和圆柱体组合而成,绘制时要把握好成角透视与不同部件的比例,机身配色以灰色调为主,镜头以蓝色为主。(图5-63)

①整体线稿绘制:投影仪形态以方体、柱体为主导,主体图形绘制了两个不同角度的方案,局部图便于看清细节,画面采用了整体与局部相结合的布局方式。

②深入绘制投影仪的局部细节、主题文字等,并排线绘制投影和背景,衬托画面的主体形态。

③用浅灰色马克笔给投影仪机身上色,镜头以浅蓝色为主,亮黄色画出相应局部,由亮部到暗部,暗部用笔多重复几次,画出渐变层次。

④用中灰色马克笔绘制投影仪机身,加深灰面和暗部,用较深蓝色绘制镜头暗部,中黄色画出相应局部的深色区域,并用较深的灰色画出投影和背景,形成较明显的明暗对比。

⑤用深灰色马克笔加深投影仪机身暗部区域,调整镜头等其他局部明暗,同时加深投影和背景。

⑥用黑色彩色笔对投影重新排线,增强对比,轮廓线和重要结构线适当画实些,使画面层次感更强,绘制完成。

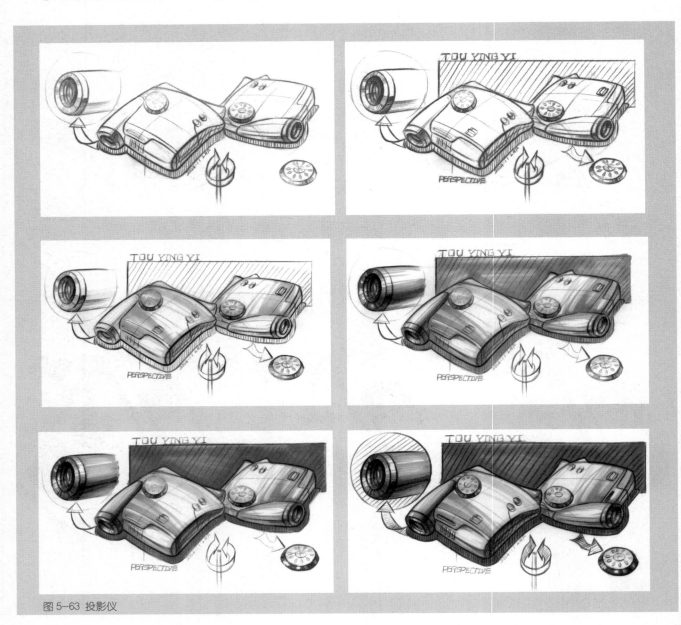

图5-63 投影仪

4.案例分析4：台式显示器主要由屏幕、支架和底座三部分组成，主体形态由倒角方体组合而成，绘制时要把握好成角透视与不同部件的比例，屏幕和底座配色以灰色调为主，支架以浅绿色为主。（图5-64）

①整体线稿绘制：显示器形态由倒角方体为主导，正面的主体图形在背面和折叠图形的衬托下视觉效果更强烈，不同面的表达也能更充分反映产品的结构、形态等特征。

②深入绘制显示器的局部细节、主题文字等，并排线绘制投影和背景，衬托画面的主体形态。

③用浅灰色马克笔给屏幕、底座上色，由亮部到暗部，暗部用笔多重复几次，画出渐变层次。

④用中灰色马克笔绘制屏幕、底座，加深灰面和暗部，用浅绿色画出支架，并用较深的灰色画出投影和背景，形成较明显的明暗对比。

⑤用深灰色马克笔加深显示器屏幕、底座暗部区域，调整支架等其他局部明暗，同时加深投影和背景。

⑥用黑色彩色笔对投影重新排线，增强对比，轮廓线和重要结构线适当画实些，使画面层次感更强，绘制完成。

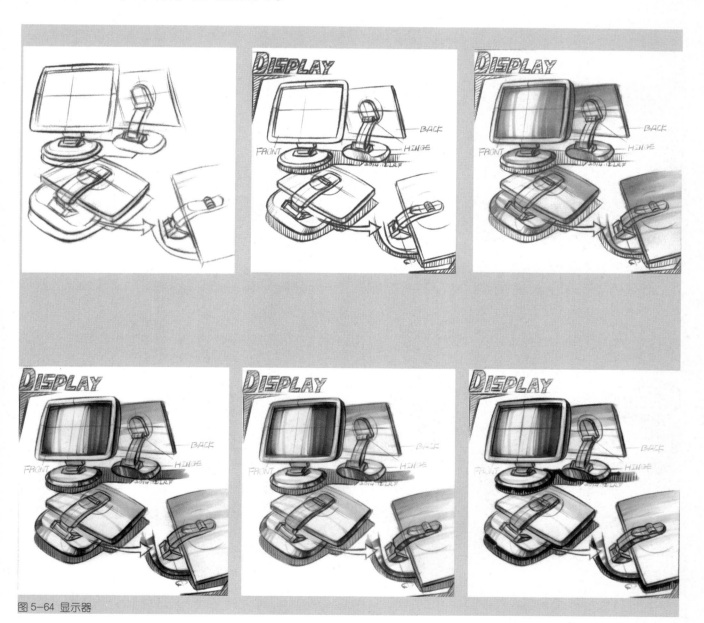

图5-64 显示器

5. 案例分析 5：数码相机主要由机身和镜头两部分组成，主体形态由倒角方体和圆柱体组合而成，绘制时要把握好成角透视与不同部件的比例，机身和镜头配色以冷灰色调为主。（图 5-65）

①整体线稿绘制：主体图形由左、右两个不同的视角下的完整产品构成，相机充电器和电线置于两图之间，方形的背景和投影起到衬托主体图形的作用。

②深入绘制相机的局部细节、主题文字等，并排线绘制投影和背景，衬托画面的主体形态。

③用浅灰色马克笔给机身和镜头上色，亮红色绘制机身局部，由亮部到暗部，暗部用笔多重复几次，画出渐变层次。

④用中灰色马克笔绘制机身和镜头，加深灰面和暗部，并用较深的灰色画出投影和背景，形成较明显的明暗对比。

⑤用深灰色马克笔加深机身和镜头暗部区域，调整其他局部明暗，同时加深投影和背景。

⑥用黑色彩色笔对投影重新排线，增强对比，轮廓线和重要结构线适当画实些，使画面层次感更强，绘制完成。

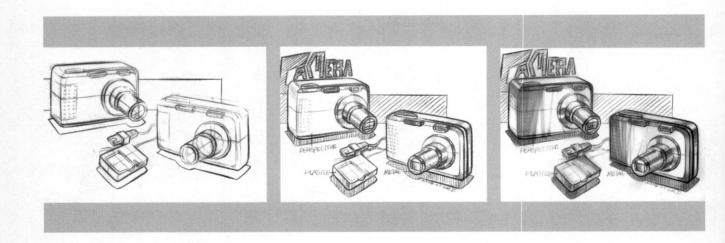

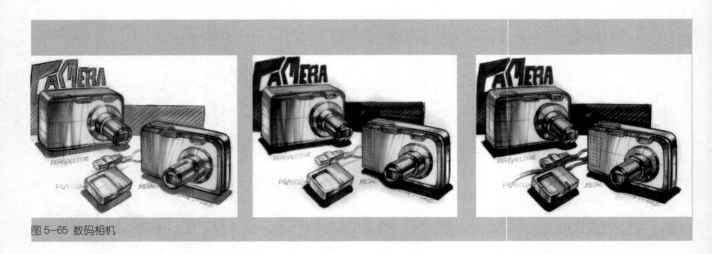

图 5-65 数码相机

6. 案例分析 6： 音乐播放器主要由机身和 USB 两部分组成，主体形态由倒角圆柱体组合而成，绘制时要把握好圆面透视与不同部件的比例，配色以红色调为主。（图 5-66）

①整体线稿绘制：主体图形由一个竖置的完整图形和横置 USB 接口部分构成，耳机置于图纸右边，具有平衡画面构图，对主体物尺寸起参照的作用。

②深入绘制播放器的局部细节、主题文字等，并排线绘制投影和背景，衬托画面的主体形态。

③用浅红色马克笔给机身和 USB 上色，由亮部到暗部，暗部用笔多重复几次，画出渐变层次。

④用较深红色马克笔绘制播放器，蓝色绘制播放器的局部，加深灰面和暗部，并用较深的灰色画出投影和背景，形成较明显的明暗对比。

⑤用深红色马克笔加深播放器的暗部，调整其他局部明暗，同时加深投影和背景。

⑥用黑色彩色笔对投影重新排线，增强对比，轮廓线和重要结构线适当画实些，使画面层次感更强，绘制完成。

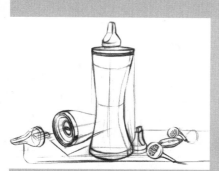

图 5-66 音乐播放器

7.案例分析7: 手机音响的整体形态以圆柱体为主,绘制时要注意圆面透视知识的灵活运用,音箱的尺寸比例主要靠手机作为参照。(图5-67)

①整体线稿绘制:绘制以圆柱体为主的整体形态,绘制时先找出圆柱的横切面,再对主体音箱进行绘制,背景和投影能进一步增强画面的空间层次。

②绘制手机和音响使用时的状态,对产品功能进行阐述,并衬托出音箱的尺寸比例。

③刻画手机底部音频插孔细节,对相应的功能属性进行更深入阐述。

④塑造手机印象的网格,深入刻画产品细节。

⑤用亮灰色马克笔表现音响高明度的弱光金属材质,绘制时注意留白处理,背景采用低明度灰色,以进一步拉开产品与背景的前后空间层次,绘制完成。

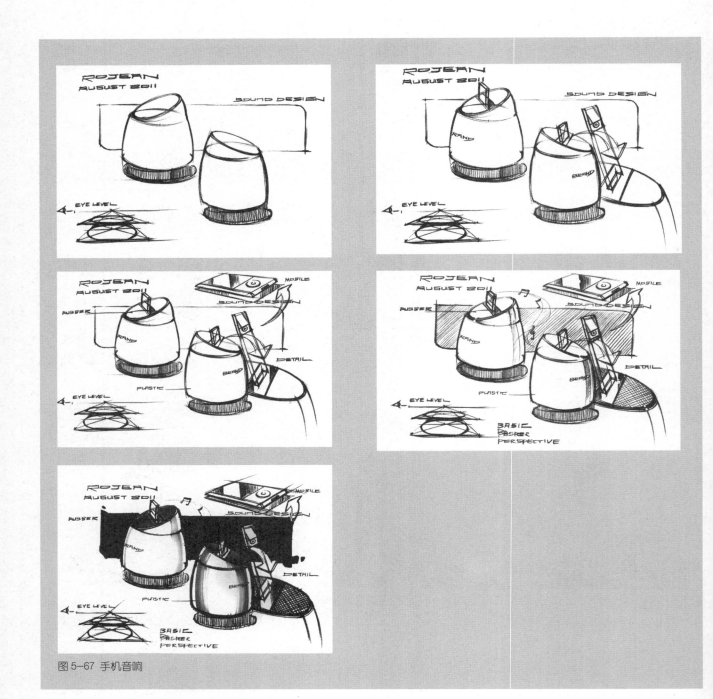

图5-67 手机音响

8.案例分析8：翻盖女性手机的整体形态小巧圆润，绘制时要注意手机上盖关闭、打开时的不同透视关系，细节的深入刻画、弱反光质感的表达等。（图5-68）

①整体线稿绘制：先对画面主体对象进行绘制，即从主体右侧翻盖状态开始，根据设计需要在其周边进行产品细节描述。

②对左边整体形态的产品进行色彩绘制。

③深入上色，绘制手机背面的弱反光塑胶材质，

先选取明度较深的马克笔绘制出明暗关系，再借助白色铅笔塑造两部。

④绘制手机翻盖后的手机屏幕及手机按键，屏幕相对于背面的弱反光质感要具有明显的高光点，绘制时可先用白色铅笔塑造出受光部分，再用涂改液或白色水粉刻画高光。

⑤完善手机按键、电镀装饰条等结构的绘制，并调整统一画面，绘制完成。

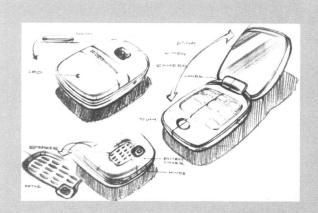
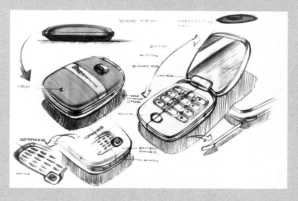
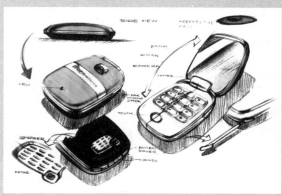

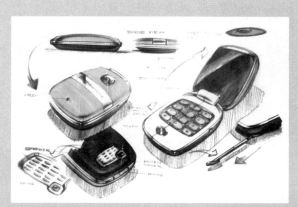

图5-68 翻盖女性手机

二、家电生活类产品手绘步骤案例

家电、生活类产品遍布日常生活的每个角落，是产品设计的重要内容，外形特征基本上为方形、球形等基本几何体或者相互结合的形态结构。外用材料丰富，要注意其质感的表达。

1. 案例分析 1：电饭煲形态比较简洁，主要由圆柱体构成，绘制时要把握好圆面透视、不同部件的比例，配色以暖灰色为主。（图 5-69）

①整体线稿绘制：图面以多个不同视角的整体形态构成，为了使画面版式主次分明，图形采用了疏密对比强烈的布局方式。

②深入绘制电饭煲上盖等局部细节，并排线绘制

投影和背景，塑造产品与"台面"的空间关系。

③用浅灰色马克笔上色，以煲身为主，由亮部到暗部，暗部用笔多重复几次，画出渐变层次。

④用中灰色马克笔绘制煲身的灰面和暗面，用亮红色和黄色对上盖进行上色，并用蓝色画出投影和背景，形成较明显的明暗对比。

⑤用深灰色马克笔加深煲身的暗部区域，同时对其他细节用相应的色彩进行深入刻画。

⑥调整统一画面，用深色马克笔对投影进行加强，对轮廓线和重要结构线绘制得更实些，使画面层次感更强，绘制完成。

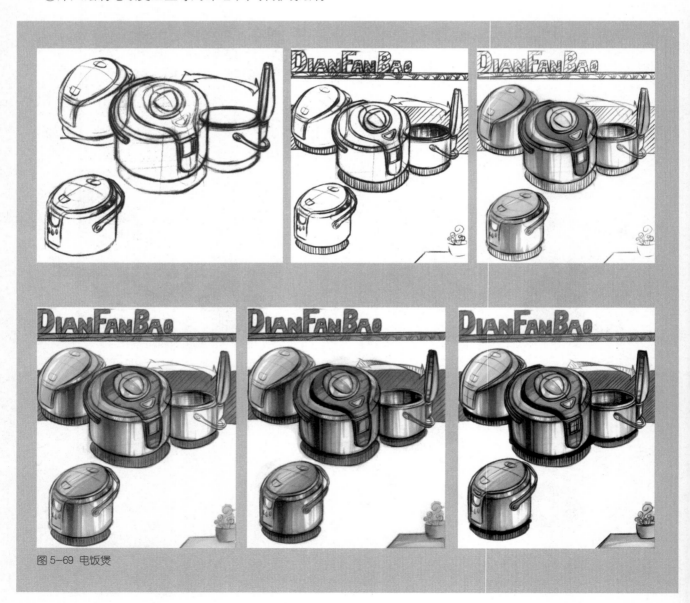

图 5-69 电饭煲

2. 案例分析 2： 鼓掌器组成部件较多，绘制时要注意各部分与整体的比例，把握好圆面透视、金属和纤维材质的表达。（图 5-70）

①整体线稿绘制：图面以产品的整体形态、局部细节放大图、场景使用图相结合的布局方式来表达设计构想，先绘制产品整体形态图，然后再展开。

②深入绘制鼓掌器的局部细节，并排线绘制投影。

③用浅灰色、浅绿色马克笔上色，由亮部到暗部，暗部用笔多重复几次，明暗过渡要自然。

④用中灰色马克笔绘制连接部件的灰面和暗部，并画出投影和背景，加强金属部件部分的刻画，形成较明显的质感区别。

⑤用深灰色马克笔加深鼓掌器的暗部区域，同时加深投影。

⑥用黑色彩色笔对投影重新排线，增强对比，轮廓线和重要结构线适当画实些，使画面层次感更强，绘制完成。

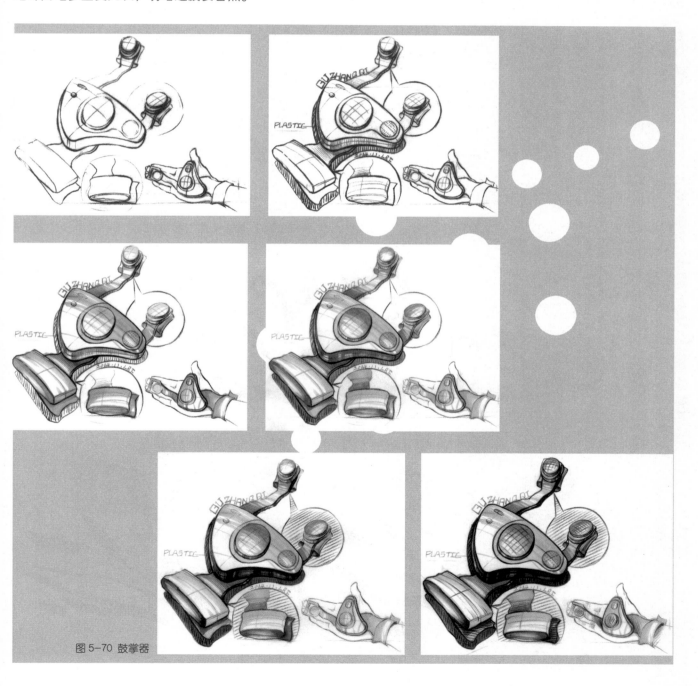

图 5-70 鼓掌器

3. 案例分析3： 运动手表形态比较简洁，绘制时注意成角和圆面透视的灵活运用，不同部件的比例，各种质感的表达。（图5-71）

①整体线稿绘制：先在画面上对产品进行整体布局规划，并用粗糙的木纹作为背景来衬托手表材质的"光滑"属性。

②进行线稿的强调绘制。开始上色，绘制橡胶材质的深色材质开始，并以此明度作为屏幕色彩明度的参照。

③根据表达的需要进一步强调线稿，为深入着色做准备。一张完整的表现图，线稿的绘制与着色并非截然分开，可根据设计构想表达的需要相互穿插。

④对运动手表的屏幕进行上色，注意其高反光材质的特性，受光部分用白色彩铅进行绘制。

⑤进行木纹材质的上色及屏幕的高光刻画，进一步加强背景与屏幕的材质对比。

⑥用淡紫色绘制运动手表背面，与屏幕的紫色相互呼应，以达到丰富画面的效果。调整画面，绘制完成。

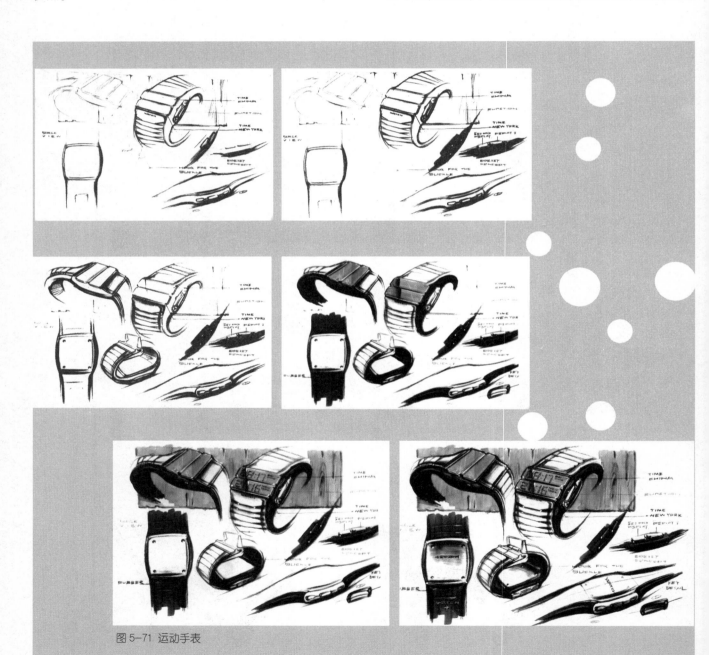

图5-71 运动手表

4.案例分析4：滑冰鞋主要由滑板和鞋子两部分主成，整体形态不是复杂，滑板的设计细节主要集中于顶面，绘制时要注意表现滑板的高反光质感特性（图5-72）。

①整体线稿绘制：以滑冰鞋后部视角的整体形态展开绘制，充分表现滑板表面的设计细节，采用动感较强的斜式布局方式。

②用蓝色马克笔绘制滑板处的侧板，鞋子的大面积色彩也采用蓝色绘制。

③以鞋子为上色重点，深入局部上色。

④用高明度红色马克笔上色画出滑板表面，注意高反光质感的特性，高光部分注意留白，深色区域用笔多重复几次，画出渐变层次。

⑤调整统一图面，使画面层次感更强，绘制完成。

图 5-72 滑冰鞋

5.案例分析 5：可调式手电筒形态比较简洁，绘制时要把握好圆面透视、不同部件的比例，配色以暖灰色为主。（图5-73）

①整体线稿绘制：可调式手电筒形态以圆柱体为主导，为了使画面版式更加活泼，采用平放和竖放相结合的布局方式。

②深入绘制电筒前端的金属质感、手柄等细节，并排线绘制投影和背景，塑造产品与"台面"的空间关系。

③用浅灰色马克笔上色，以手电筒筒身为主，由亮部到暗部，暗部用笔多重复几次，画出渐变层次。

④用中灰色马克笔绘制电筒筒身，加深灰面和暗部，并画出投影和背景，形成较明显的明暗对比。

⑤用深灰色马克笔加深电筒筒身的暗部区域，镜头的暗部区域和投影同时加深。

⑥用黑色彩色笔对投影重新排线，增强对比，轮廓线和重要结构线适当画实些，使画面层次感更强，绘制完成。

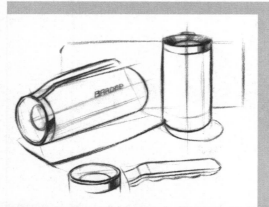

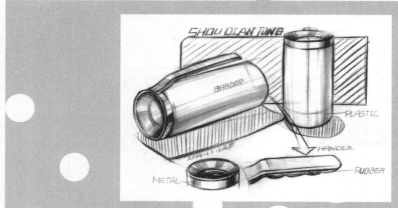
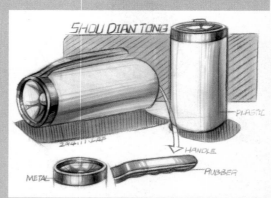
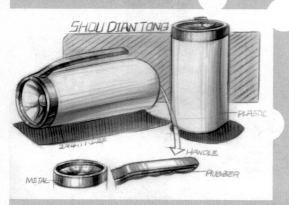

图5-73 可调式手电筒

6.案例分析6：药片存放器以倒角长方体和圆柱体组合而成，绘制时要把握好不同部件的比例，注意透视关系，配色红色为主。（图5-74）

①整体线稿绘制：在图面版式安排上以多个不同视角的整体形态前后重叠组成，先绘制出前面的主体图形，再逐步展开。

②刻画细节、背景绘制及主题文字描述等。

③用明度高的红色马克笔从存放器的亮部材质开始上色，灰面和暗面用同一支笔重复加强，但要注意明暗过渡的协调性。

④深入不同细节上色，用较深的红色马克笔对灰面、暗面进行上色，并用灰色马克笔上阴影，加强明暗对比。

⑤用深红马克笔加深暗部，绘制出低反光塑料的质感效果。用较深灰色绘制其投影以衬托主体图形。

⑥调整统一图面的明暗关系，用黑色彩铅对需要强调的结构进行绘制，完成表现。

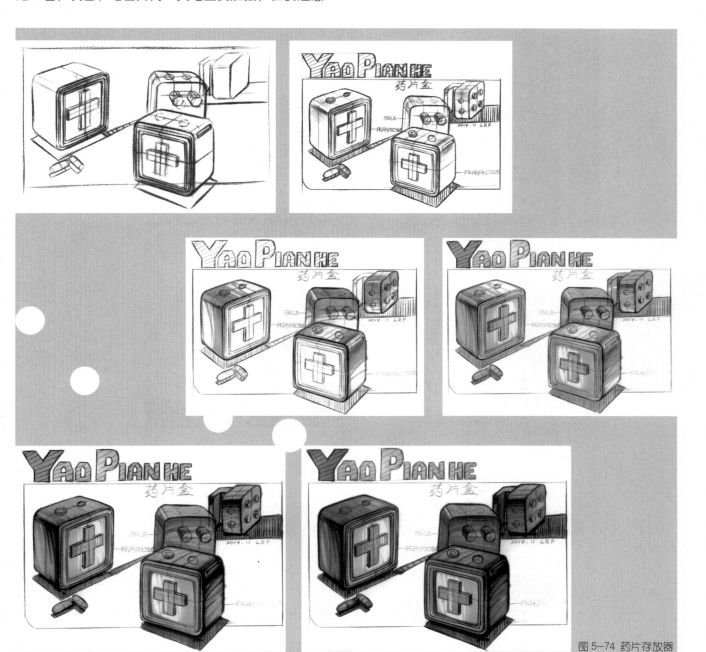

图5-74 药片存放器

7. 案例分析 7： 篮球鞋的大部分细节设计都集中于侧面，因此手绘布局阶段一般会以鞋子的侧面作为视角选择的重点，再辅以其他视角来表达设计者的构思。（图 5-75）

①整体线稿绘制：以正侧面鞋子的视角为主体图形，其他视角根据构想表达的需要适当安排，以便进一步描述产品的形态特点。

②刻画细节：鞋底分解图、各个部分的标注，如用箭头标注出篮球鞋各个视角及产品整体形态与局部结构的相互关系。

③用蓝色马克笔从篮球鞋色块面积最大的材质部分开始上色。

④用深灰色马克笔对篮球鞋的橡胶材质部分进行上色，并用白色彩铅塑造橡胶材质的亮部。

⑤对鞋底分解图上色，并绘制出皮纹效果。

⑥用白色水粉刻画篮球鞋中反光材质的高光，进一步增强材质的对比，并调整统一图面的明暗关系，完成绘制。

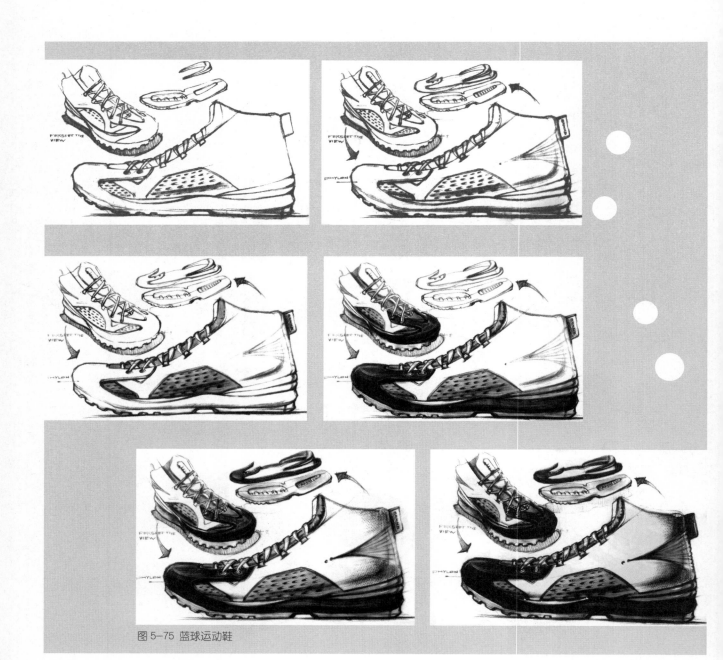

图 5-75 篮球运动鞋

8. 案例分析 8：机器人造型复杂多变，在绘制时只要将复杂的造型元素简单化，用概括的方法处理就可以了。在绘制初期笔触要轻松，虚实要把握好。（图5-76）

①整体线稿绘制：将机器人身体、躯干和右边人物用简单几何形概括出来，并刻画下肢腿部关节部分。

②刻画细节：依次画出机器人手臂、躯干部分和右边人物，注意把握好主次，注意线条的虚实区别。

③用浅灰色马克笔开始上色，绘制从亮部开始，

对灰面和暗面重复用笔，形成一定的体积关系，色彩明暗要渐变自然。

④用中灰色马克笔对灰面、暗部和结构转折部分进行上色，加强明暗对比。

⑤用深灰色马克笔对暗部和结构转折部分进行上色，进一步加强质感效果，并对最深部分进行深入刻画，注意右边人物的上色不要喧宾夺主。

⑥用黑色彩铅对需要重新强调的结构进行绘制，并调整统一图面的明暗关系，完成绘制。

图 5-76 机器人

三、交通工具类产品手绘步骤案例

交通工具的种类比较多，非汽车类手绘表现的难点在于比例的控制和各种造型在同一画面中透视关系的统一性，在绘制时首先要抓住主要的造型特点进行最外部轮廓的绘制，然后再步步深入；汽车的绘制必须先理解汽车外部造型特点，绘制时首先要掌握该车型的底盘方向、透视，再去考虑底盘之上的零部件。

1.案例分析1： 城市摩托车是一款比较概念的车型，绘制时要把握好车本身不同部件的比例、车与人的比例，注意透视关系，配色以灰色为主，给人感觉简洁大气。（图5-77）

①整体线稿绘制：以前后轮和车身三大块为主来确定摩托车在画面中的角度、位置，人物和小型摩托车的绘制使画面构图更均衡。

②深入绘制城市摩托、人物和小摩托的细节，右边的小摩托和人物除了具有稳定构图的作用外，同时还标明了城市摩托车的大致比例，具有一定的参照作用。

③用浅灰色马克笔上色，从轮胎开始，其次是车身与轮胎的连接处和下半部分配色，最后是右边的小摩托车和人物。

④用中灰色马克笔绘制城市摩托车上半部分，形成一个色块的整体效果。

⑤加深城市摩托车上面的暗部区域，右边人物和小型摩托车的暗部区域同时加深。用浅灰色的马克笔绘制出城市摩托车的车身白色部分，形成自然的色调渐变。

⑥用较深的色调绘制出投影，深入刻画、调整，绘制完成。

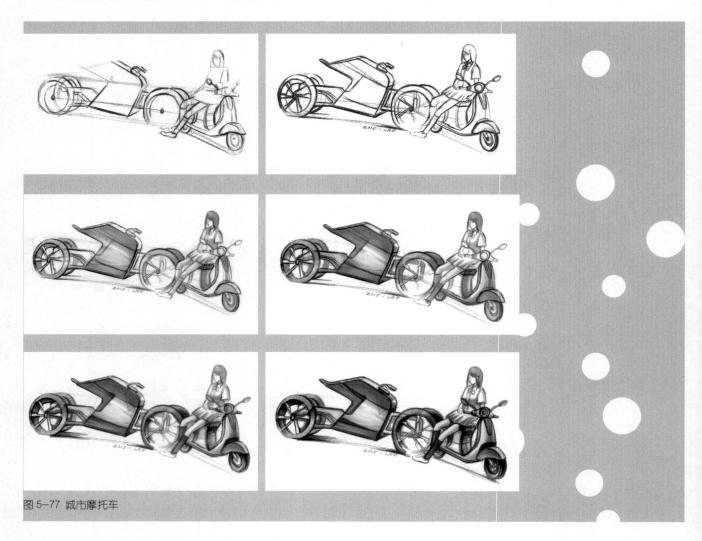

图5-77 城市摩托车

2. 案例分析2： 敞篷跑车属于跑车一类，同样底盘较低，绘制时要注意造型的变化、形态的统一，颜色搭配比较多样化。（图5-78）

①整体线稿绘制：绘制敞篷跑车大的形态结构，注意透视，要把握好其体量感，底盘线、轮胎线、前脸线都要绘制准确。

②深入绘制敞篷跑车的细节、跑车的投影等。

③用高明度的灰色马克笔上色，从亮部画起，中间不要停顿，往暗部过渡时可适当重复排笔，让颜色过渡自然。

④用中明度的灰色马克笔绘制敞篷跑车的暗部，用笔要快，衔接要自然，暗部层次要丰富，反光颜色不可过深。

⑤用较深的马克笔画出跑车最深的区域，比如明暗交界线和投影。

⑥调整画面，用细笔画出细部结构的色彩关系，让画面表现得更细致完整。

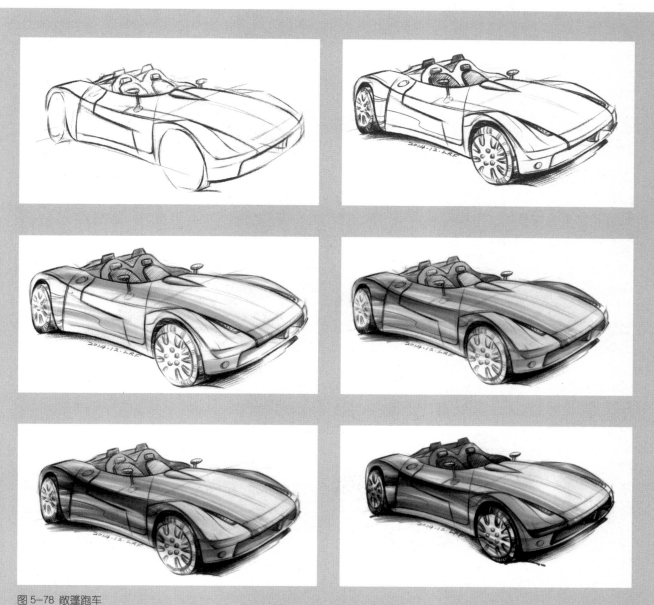

图5-78 敞篷跑车

3. 案例分析3： 雪地摩托车的形态、结构比较复杂，绘制时要把握好车本身不同部件的比例，注意透视关系，配色以红色、灰色为主，绘制时要注意相应质感的表达。（图 5-79）

①整体线稿绘制，以雪地摩托后部的视角进行构图，能充分表现"履带"结构，突出该车的雪地通行能力。

②深入绘制雪地摩托的仪表区、履带等细节，并用笔绘制出大致的明暗效果。

③用高明度红色马克笔上色，主要是车身的外壳部分，运笔速度要快，注意留白，以表现"光洁"的特征。

④用中明度红色马克笔绘制摩托车外壳较深的部分，并用高明度的灰色绘制发动机、挡风玻璃、座椅和履带部分，形成较自然的明暗对比。

⑤加深相应部件的暗部区域，使明暗对比效果增强，调整，绘制完成。

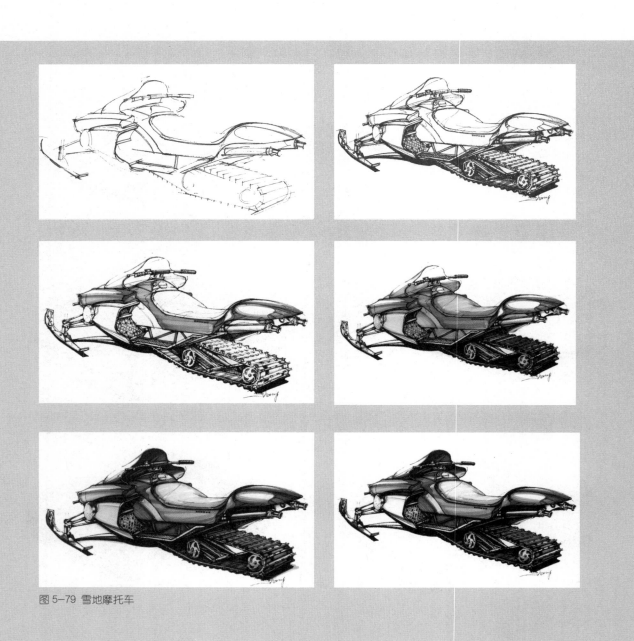

图 5-79 雪地摩托车

4. 案例分析 4：摩托车的形态结构比较复杂，要注意不同部分的比例、结构关系。在绘制时要注意整体效果，并处理好每组结构的色彩关系，要有主次和重点。（图 5-80）

①线稿绘制：注意不同部分的比例、结构关系。线的绘制要有层次，主要结构线和轮廓线用线要实一些，其他的线要虚些。

②选用高明度灰色马克笔绘制车体，由亮面开始绘制，暗面和转折处重复绘制，画出渐变的明暗层次。

③选用中明度灰色马克笔绘制摩托车的暗部和大的形体转折处，并用灰蓝色绘制座椅和挡风玻璃等，在绘制时运笔速度要快，以体现该类材质的"光洁"的视觉特征。

④选用低明度的灰色马克笔绘制摩托车的暗部和大的形体转折处等，加强明暗对比，调整细节，使画面层次更丰富。

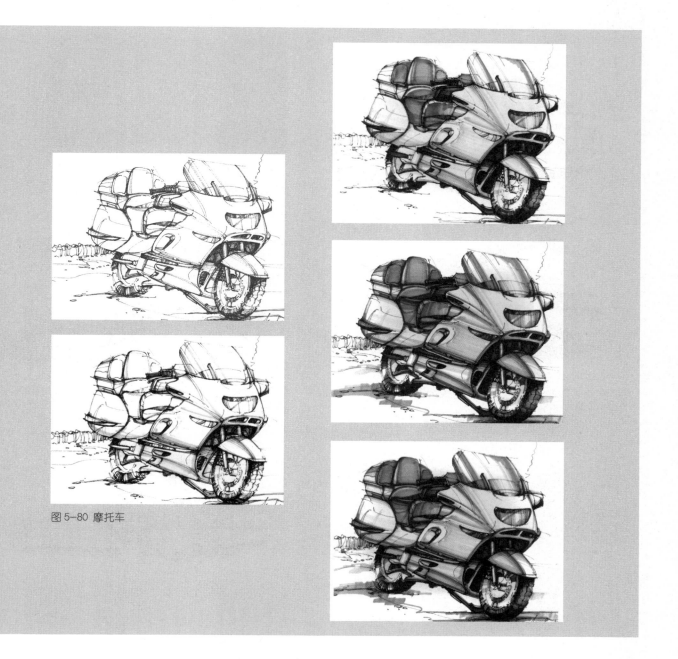

图 5-80 摩托车

5. 案例分析 5： 重型卡车在起稿时要表现其体量感，视平线高度的选择至关重要，也要注意透明材质（玻璃）、高反光材质（金属）等质感的表达。（图5-81）

①整体线稿绘：视平线的高度在前车灯的位置，采用一定的仰视角度来表现卡车的体量感。注意透视及相应部件的比例关系。

②选用三支不同明度的蓝色马克笔，用高明度的绘制亮面和反光，中明度的绘制过渡面，低明度的绘制暗面和转折处。

③绘制玻璃与镀铬金属质感部分，在绘制时运笔速度要快，以体现该类材质的"光洁"的视觉特征。

④用白色绘制相应形体的高光。高光一般集中在形体转折处与暗部结构处，卡车需要提的位置主要是玻璃的反光、形体的转折点、车灯的高反光等。

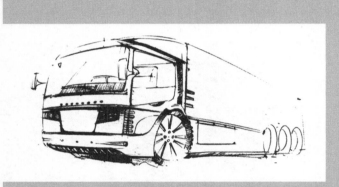

图 5-81 重型卡车

第六章　学生手绘表达案例

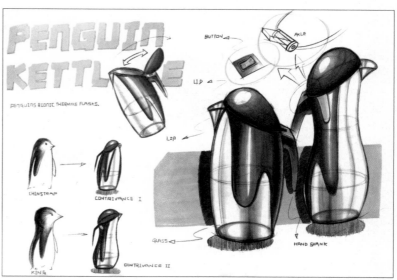

图 6—1

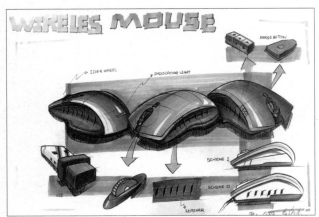

图 6-2

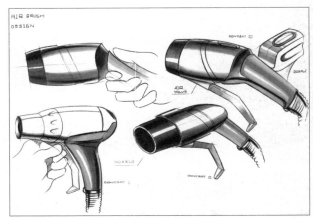

图 6-3

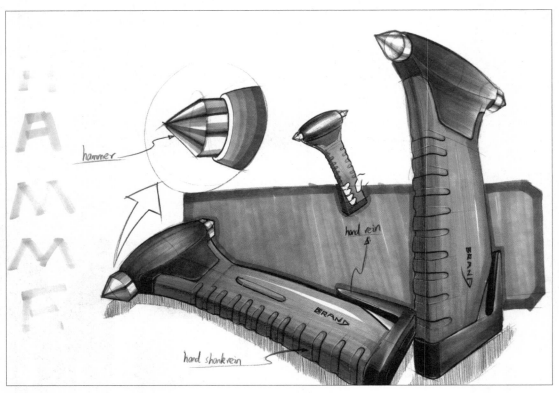

图 6-4

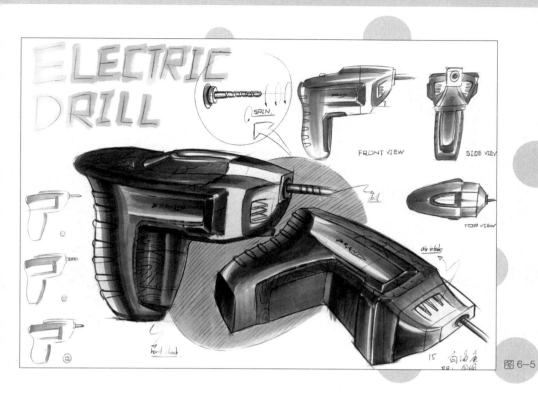

图 6-5

图 6-6

图 6-7

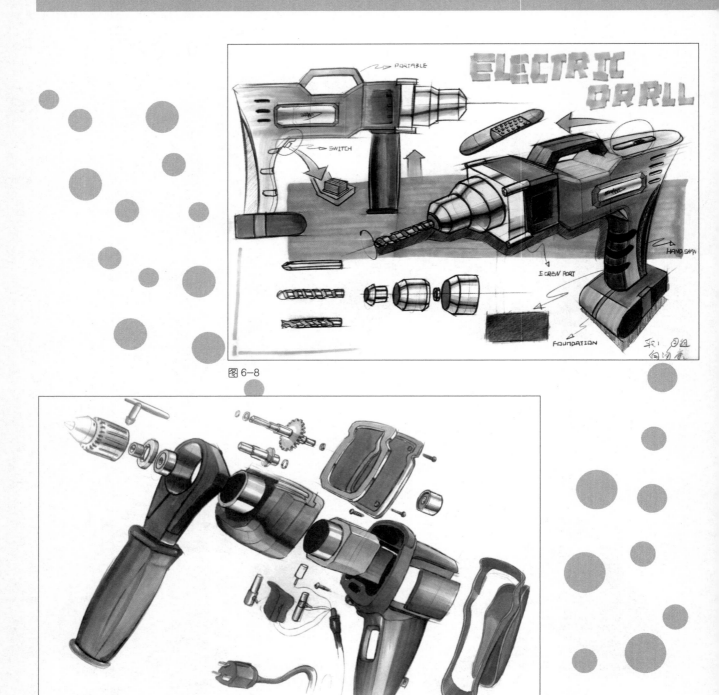

图 6-8

图 6-9

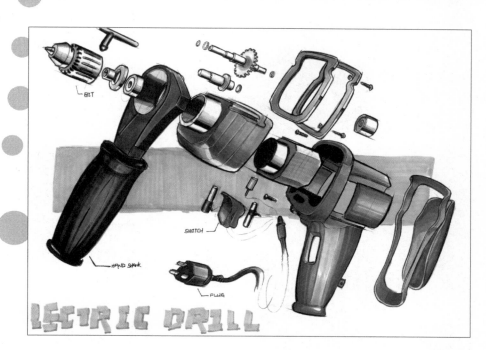

图6—10

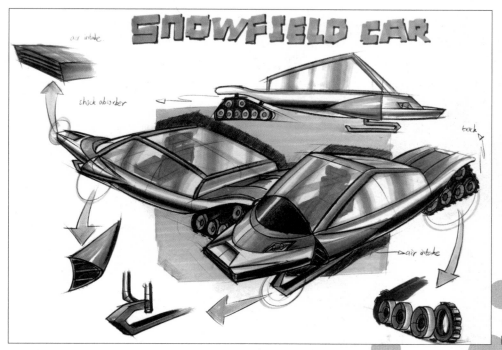

图6—11

图 6-12

图 6-13

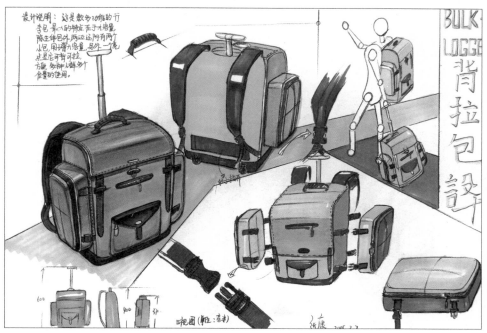

图 6-14

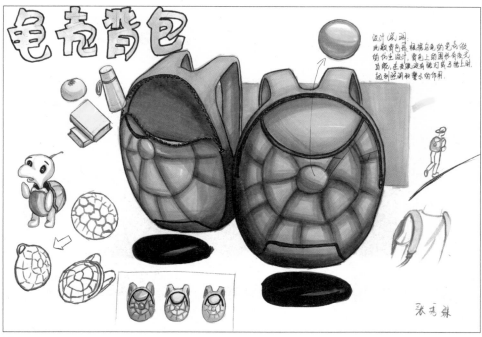

图 6-15

图 6—16

图 6—17

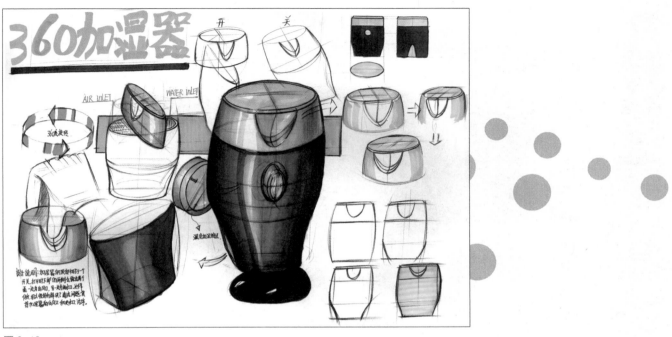

图 6-18

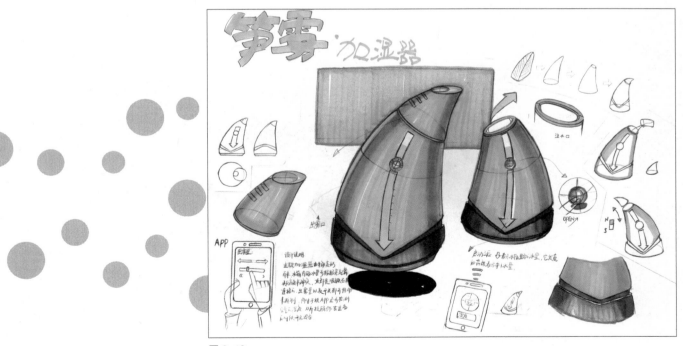

图 6-19

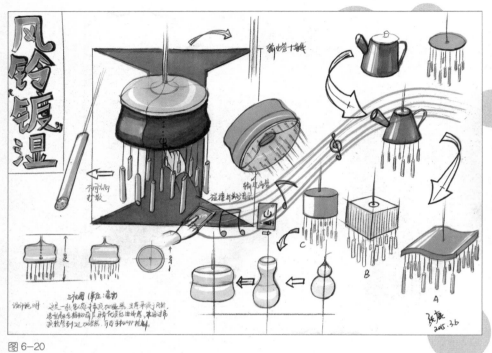

图 6-20

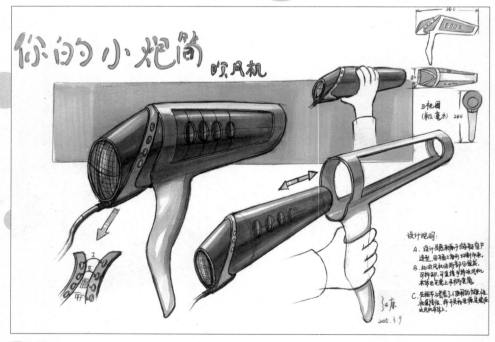

图 6-21

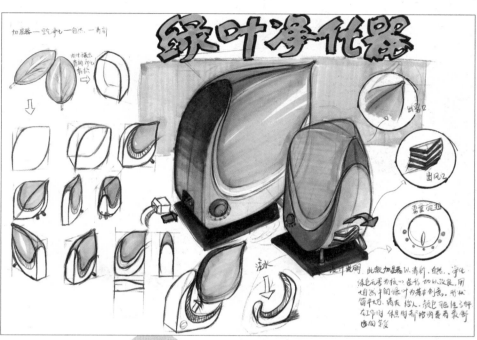

图 6-22

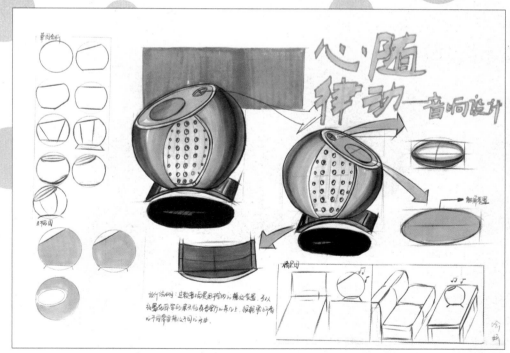

图 6-23

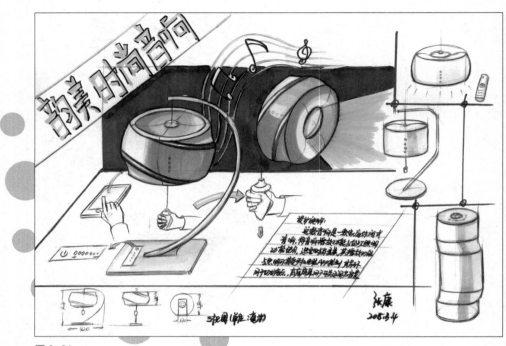

图 6-24

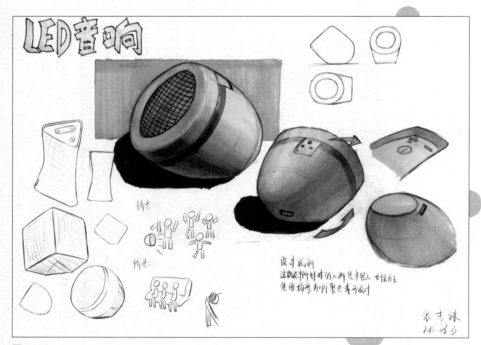

图 6-25

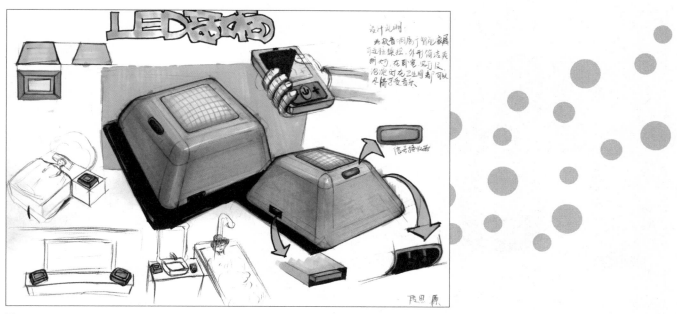

图 6—26

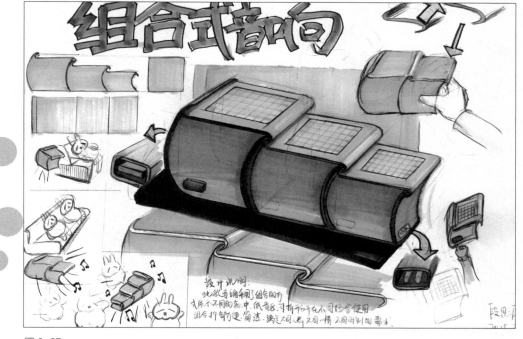

图 6—27

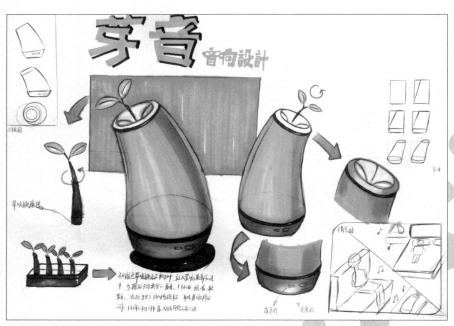

图 6-28

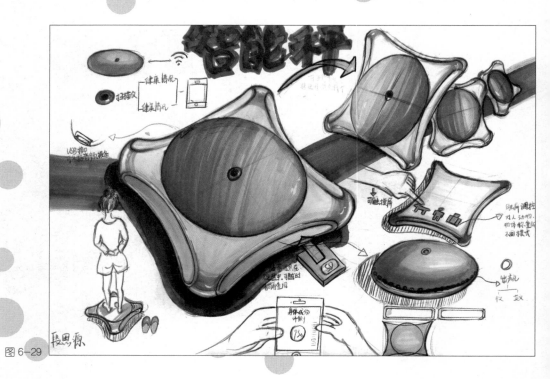

图 6-29

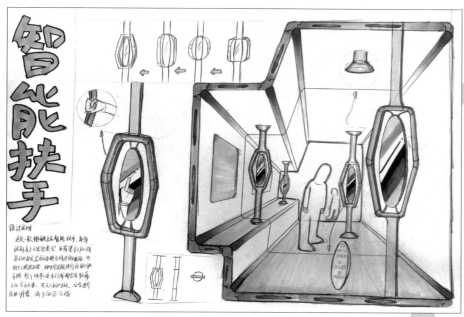

智能扶手

设计说明
这是一款安装在智能扶手上，能够阅读车上乘客表情，当有老幼加残疾的乘客会自动显示网的表情，为他们提供方便，同时能进行自助的引导，整个功能乘列成都会在助手上的显示来表，在无人的时候，会关闭自动消音，减少却电浪费。

图 6-30

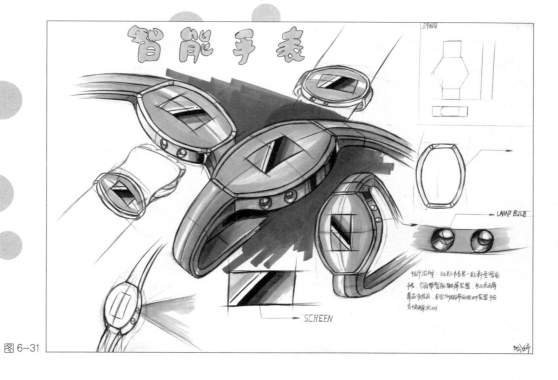

智能手表

三视图

设计说明：比较卡通显一般新型智能手表，它能够智能翻阅屏幕里，是以点亮屏幕来做的提供，显示内图师的桩图装置引导高端报提说明

LAMP BULB

SCREEN

哈妍

图 6-31

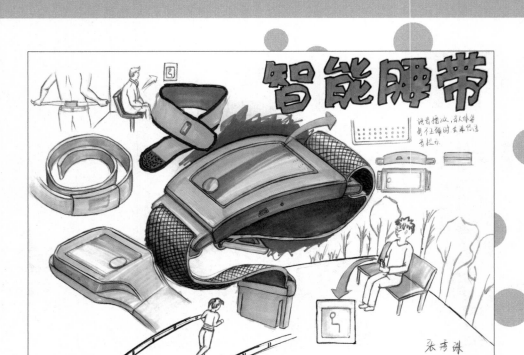

图 6-32

图 6-33

图 6-34

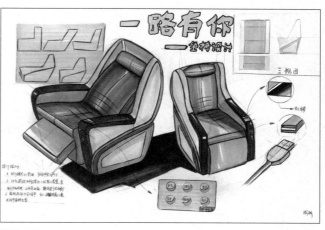

图 6-35

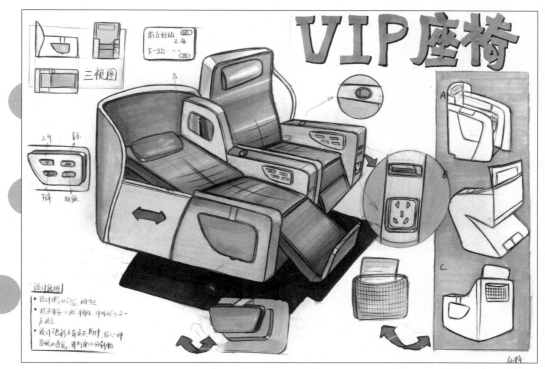

图 6-36

参考
文献

1. 涂永祥 . 产品设计绘图 [M]. 北京：中国青年出版社，2006

2. 刘振生，史习平等 . 设计表达 [M]. 北京：清华大学出版社，2004

3. 曹鸣 . 产品快速表现 [M]. 哈尔滨：黑龙江美术出版社，2007

4. 任建军，徐静 . 产品设计表现技法 [M]. 长沙：湖南大学出版社，2011

5. 张克非 . 产品手绘效果图 [M]. 沈阳：辽宁美术出版社，2008

6. 汤军，李和森 . 工业设计快速表现 [M]. 武汉：湖北美术出版社，2007

7. 左铁峰，罗剑等 . 设计手语 [M]. 北京：海洋出版社，2013

8. 罗剑，李羽等 . 工业设计手绘宝典 [M]. 北京：清华大学出版社，2014